진짜
잘되는 아이는
따로 있다

진짜 잘되는 아이는 따로 있다

이명희 지음

학교 성적을 넘어 성공으로 이끄는 자녀 교육 지침서

서사원

서로 다른 교육을 그리는 교사와 학부모,
대화는 언제나 어렵다

학부모에게 전화를 하는 일은 언제나 어렵다. 할까 말까 망설
이길 여러 번, 할 말을 미리 연습한 뒤 어렵사리 수화기를 든다.
아무리 내 아이를 위한 말일지라도 자기 아이의 좋지 않은 이야
기는 누구나 듣기 싫은 법이다. 학생에 대한 장점을 쭉 말씀 드린
뒤, 행여 학부모의 기분이 상하진 않을까 분위기를 살피며 조심조
심 본론을 꺼낸다.

"어머님, 이렇게 저희 승우(가명)가 학교생활도 참 잘하고 좋은
점도 많아요. 그런데 승우가 한 가지만 살짝 보완하면 더 좋을 것
같아서요. 승우가 모둠 활동을 할 때 친구들과 약간 마찰이 있거
든요. 어머님, 승우가 친구들과 다 같이 무언가를 하는 경험을 늘

4

려 보면 좋을 것 같아요. 참, 저희 반 학생들을 보니 축구 교실에 다니는 친구들도 많더라고요. 혹시 그런 활동은 어떠세요."

"아, 지금 수학, 영어 학원 다니느라 시간이 없어서요."

평소 아이를 관찰한 내용을 토대로 아이에게 도움이 될 만한 무언가를 제시할 때도 학부모와의 대화는 여전히 꼬인다.

"어머님, 현주가 손재주도 좋고 코딩도 잘하고 머리 회전도 빠르더라고요. 현주가 메이커 수업을 제대로 받으면 적성에도 맞고 앞으로 현주의 역량 계발에도 정말 좋을 것 같아요. 저희 교육 지원청에서 하는 수업도 많거든요."

"그거 나중에 입시에 도움 되나요?"

학교에서 학생들을 가르치며 학생들이 어떻게 공부를 하는지, 부모님들이 자녀 교육을 어떻게 하고 있는지 가까이서 볼 기회가 많다. 누군들 내 자식을 잘 교육하고 싶지 않겠는가. 내 자식이 하고 싶은 일을 하며 이왕이면 경제적으로 풍족하고 행복하게 살길 바라지 않겠는가. 학부모의 바람은 대체로 비슷하다. 그리고 너무 아쉽게도 그러한 바람을 실현하는 방법 역시 천편일률적으로 닮아 있다. 미래를 준비하는 데 도움이 되지 않는 방식으로.

내가 직무 연수 강의를 할 때도, 지난 책을 출간했을 때도, 학부모 총회 때도, 아이를 키우는 친구들과 대화를 나눌 때도 꼭 빼놓지 않고 하는 이야기가 있다. 세상은 상상도 못할 만큼 빠르게 변하고 있는데 교육은 예전 모습 그대로라는 것이다. 나는 기존 방법대로 성적 위주의 교육을 하는 부모님, 여전히 아이들을 여러 군데 학원으로 돌리는 부모님, 초등교육에 관해 써 놓은 자녀 교육서 등을 볼 때면 가슴이 답답하고 안타까운 마음이 들 때도 있다. 자녀 교육의 본질은 저게 아닌데, 지금 저렇게 교육하면 안 되는데, 더욱이 지금은 4차 산업 시대, 인공지능 시대인데 저렇게 하다간 나중에 분명 후회할 텐데 하는 생각이 밀려오기 때문이다.

그렇다고 학부모의 생각을 돌려놓을 자신도 없었다. 어디부터 어떻게 이야기를 꺼내야 할지, 행여 부모님들을 가르치려 드는 사람으로 비치는 것은 아닐지, 초등학교 교사로서 전문성을 의심 받는 것은 아닐지, 내 아이는 내가 알아서 잘 키우겠다고 정중한 거절을 듣는 건 아닌지 나를 주저하게 만드는 생각이 많았던 탓이다.

그럼에도 불구하고 꼭 이야기를 전해야겠다고 생각한 계기는 매일 학교에서 만나는 우리 반 아이들 때문이었다. 아이들에겐 엄청난 힘이 있다. 아이들은 어떻게 대해 주고 가꿔 주고 어떤 교육을 하느냐에 따라 놀라운 속도로 성장한다. 더욱이 담임 선생님이라고 나를 믿고 따라 주고 애정을 쏟는 아이들의 미래를 위해서라도 그동안 하지 못했던 말을 꼭 해야겠다고 다짐했다.

나는 진심으로 나의 또 다른 자식이라고 생각하는 학생들이 행복하길 바란다. 중·고등학생이 되어서도, 대학생이 되어서도, 어른이 되어서도, 계속 쭉 행복했으면 좋겠다. 그리고 아이들이 행복한 삶을 사는 데 올바른 방향의 교육이 큰 도움이 될 수 있다고 믿는다.

학창시절 나는 결코 공부를 게을리하지 않았다. 아니, 누구보다 열심히 공부했는데도 소위 말하는 명문대에 진학하지 못했다. 재수를 했지만 끝내 진학하지 못했다. 명문대만 바라보며 학창시절을 불태웠는데 전혀 예상치 못한 곳으로 나의 삶이 다다랐을 때 마땅한 대처 방법을 알지 못했다. 원치 않는 대학, 생각지도 못했던 학과에 진학하며 기대하지 못한 곳에 취업을 했고 한동안 패배자, 실패자라는 생각에 사로잡혔다. 다른 이를 질투하고 시기하고 부러워하며 남들과 비교하는 삶을 살다 청춘을 보냈다.

많은 학생이 좋은 대학, 원하는 대학에 가기 위해 공부한다. 그러나 앞으로의 세상에선 대학 졸업장이 필수가 되지 않을 수도 있고 명문대 간판 또한 큰 쓸모가 없을지도 모른다. 애플의 스티브 잡스, 메타의 마크 저커버그, 트위터의 잭 도로시, 우버의 트라비스 칼라닉 등 글로벌 혁신 디지털 기업의 창업자들은 대학을 중퇴하거나 진학하지 않았다. 창업 분야에선 이미 학위가 아닌 역량과 실력으로 평가받는 흐름이 뚜렷해지고 있다. 또한 현재 미국의 청년들은 대학에 진학하는 대신 기업이 제공하는 교육과정을 이수하는 등 학위가 아닌 산업과 기업 현장에서 요구하는 직접적인 역량을 개발하고 있다. 게다가 앞으로는 평생직장의 개념이 사라지며 인공지능 시대에는 수많은 일자리도 없어질 전망이다. 지금처럼 아이들을 교육하는 것이 정말 괜찮을까?

실패하지 않을 교육,
미래를 알아야 보인다

그렇다면 아이들을 올바로 교육한다는 것은 무엇일까? 어떠한 방향으로 전개될지 모르는 예측 불가능한 상황에서도 내 자녀만은 시대에 적응하고 역량을 펼치며 행복하게 살 수 있게 하는 교육은 과연 무엇일까? 이에 대한 실마리는 역사의 발전에서 찾아볼 수 있다. 결국 역사의 발전은 문제 해결의 역사이다. 우리 인류만 하더라도 보다 환경에 잘 적응하고 문제를 효과적으로 해결할 수 있도록 진화해 왔으며, 역사는 인류에게 편의를 제공하는 방향으로 발전해 왔다.

어떤 세상이 오든, 어떤 미래가 오든 그 시대가 당면한 문제는 반드시 있기 마련이다. 따라서 내가 살고 있는 시대의 문제를 잘 발견하고 시대가 요구하는 도구를 활용하여 문제를 해결하는 인재는 결국 살아남는다. 회사에 취업을 하든, 사업을 하든, 프리랜서로 일을 하든, 어떤 일을 하든 그러할 것이다. 그렇기에 지금 아이들에게는 실생활에서 문제를 발견하고 시대가 원하는 도구를 활용하여 문제를 해결하는 경험이 필요하다.

아이를 어떻게 교육해야 하는지 정보를 얻고 싶다면 경제협력개발기구(OECD)의 발표에 주목해 보자. OECD는 전 세계 교육이 가야 할 방향을 제시하고 세상이 원하는 인재상을 제시한다. 최근 발표한 내용에 따르면 OECD는 '웰빙(well-being)'을 실현할 인재를 미래형 인재로 꼽았다. 이때의 웰빙은 나 혼자 잘 먹고 잘 사는 그런 웰빙이 아니라 전 지구인이 함께 잘 먹고 잘 사는 것을 의미한다. 즉, 앞으로 우리 학생들은 실생활 문제를 해결하는 것은 물론 문제 해결의 결과가 사회와 지구를 위한 공헌으로 이어지도록 해야 한다는 것이다.

최근 ESG(Environmental, Social and Corporate Governance) 경영이 이슈로 떠오르고 있다. 수단과 방법을 가리지 않고 이윤 추구에만 급급한 기업들은 경영을 지속할 수 없다. 사실 기업에서 하는 일 또한 전부 문제 해결의 과정이다. 사용자의 입장이 되어 그들의 마음에 충분히 공감하고 이들이 불편해하는 점을 포착하여 그것을 해결할 기술과 서비스를 내놓는 것이 기업의 역할이다. 이에 더해 기업은 사회 공헌, 전 지구인의 웰빙 실현을 새롭게 해석해야 한다. 앞으로 문제 해결과 사회 공헌이라는 이슈는 결코 퇴색하지 않을 것이다. 그러므로 자녀 교육의 방향 또한 문제 해결과 사회 공헌의 방향으로 가야 할 것이다.

또한 앞으로 어떠한 세상이 전개되든 불변할 사실은 그 어떤 문제도 혼자의 힘으로는 해결할 수 없다는 것이다. 세상의 문제는 갈수록 복잡해지고 어려운 문제를 풀기 위해서는 다양한 각도에서 접근해야 한다. 모든 분야에 능통하면 좋겠지만 현실적으로는 불가능하다. 그렇기에 앞으로 우리의 자녀들은 다양한 분야의 사람들을 만나 소통하고 협업하는 형태로 문제를 해결할 것이다. 더욱이 교통과 통신의 발달이 가속화하면서 아이들은 인종과 국적을 초월한 사람들을 만날 것이며, 문제를 해결하는 장소 역시 국내에만 머물지 않을 것이다.

이러한 생각을 바탕으로 자녀 교육을 어떻게 해야 하는지 구체적인 방법을 제시하고자 이 책을 썼다. 부모가 자녀의 문제 해결력을 기르기 위해 어떻게 교육해야 하는지, 어떻게 사회에 공헌하고 협력하는 아이로 키울 수 있는지, 시대가 원하는 문제 해결 기술은 무엇이며 기술을 연마하기 위해 어떻게 교육해야 하는지 자세한 방법을 안내하였다. 이를 기본으로 내 자녀를 위해 좀 더 욕심을 내도 좋을 법한 다양한 교육 방법에 대해서도 상세히 설명하였다.

마지막 장에는 이러한 방법을 원활히 실천할 수 있도록 연간, 월간, 주간, 일일 계획 예시도 수록하였다. 또한 이 책 전반에는 자녀 교육에 도움이 되는 웹 사이트, 모바일 앱, 공모전 정보 등에 관한 다양한 정보도 포함하였다. 교육 현장에서 다수의 아이와 수업하며 효과성을 입증하였기에 더욱 신뢰할 수 있을 것이다. 만약 부모가 시간 여유가 없어 직접 아이를 교육하고 챙겨 주기 힘들다면 사교육이나 기관의 힘을 빌려도 좋다. 교육의 방향성에 대해 근본적인 내용을 잘 이해한다면 사교육을 선택하는 눈도 달라질 것이다.

이 책이 나오기까지 많은 사람의 도움을 받았다. 먼저 이 책이 세상에 나올 수 있도록 허락한 서사원 장선희 대표님께 감사 드리며 책이 더욱 빛날 수 있도록 마지막 마무리에 힘써 주신 한이슬 팀장님께도 감사의 인사를 드린다. 매일 아침 책을 쓰도록 배려해 준 남편에게도 고맙다고 전하고 싶다. 책을 쓰는 내내 교실에서 함께 부대끼며 진심 어린 응원과 애정을 보내 주었던 방화초등학교 6학년 2반 동길, 남수, 서윤, 김수민, 은수, 호진, 현준, 윤하, 동욱, 동일, 연우, 가은, 유나, 은서, 하늘, 보미, 오수민, 시유, 수린, 성연, 정민에게도 진심으로 고맙다는 인사를 건넨다. 톡톡 튀는 아이디어와 넘치는 열정으로 '수업할 맛', '가르치는 맛'이 나게 하는 수명초등학교 5학년 2반 민석, 지연, 가빈, 민준, 서윤, 연우, 용민, 하율, 시현, 윤, 지민, 성우, 유정, 은빈, 준서, 현민, 휜, 가원, 윤서, 석훈, 현빈, 동훈, 이수에게도 감사의 마음을 전한다. 그동안 나를 믿고 따라 주었던 모든 제자에게도 감사의 마음을 건네며 마지막으로 이 세상에서 가장 소중한 나의 아들 김종현에게 사랑한다고 말하고 싶다.

차례

1부   자녀 교육에 대한 새로운 관점이 필요하다

2부 자녀 교육, 이것만 기억하라

1부

자녀 교육에 대한
새로운 관점이 필요하다

1장

그간의 잘못된 교육,
아프지만 인정하자

미래의 희망 직종은
판·검사, 의사가 아니다

3월이 되면 새 학년의 첫 학기가 시작한다. 교사도 아이도 시작을 앞두고 가장 설레는 시기다. '우리 선생님은 어떤 분일까', '올해의 아이들은 어떤 아이들일까.' 그동안 학교생활을 하며 얻은 경험치를 총동원하여 서로 간 탐색을 한다. 교사는 '상담기초자료'를 통해 직접적으로 학생의 정보를 얻을 수 있다. 상담기초자료는 대부분의 부모님이 학기 초에 작성하여 제출한다. 생년월일, 주소, 전화번호, 보호자 정보 등 학생에 관한 기본 사항과 학생의 취미와 특기사항 등을 간단하게 적을 수 있어 사실 학생에 관한 많은 정보를 얻긴 힘들다. 그러나 그중에서도 내가 유독 살피는 부분이 있는데 바로 진로 희망을 적는 란이다. 학부모님들은 과연 자녀들이 어떤 직업을 갖길 희망할까?

검색 포털 사이트에 '자녀 희망 직업'이라는 키워드로 검색해 봐도 어렵지 않게 답을 얻을 수 있다. 여러 신문 기사나 칼럼의 내용을 살펴보면 상위권에 있는 직업이 '공무원, 의사·간호사·약사 등 의료인, 검사·판사·변호사 등 법조인, 교사·교수 등 교육자'라는 사실을 알 수 있다. 우리 학급의 상담기초자료 내용은 어떨까? 나는 2021~2023년 각 5학년과 6학년, 5학년 담임을 맡았는데 우리 반 학부모님의 자녀 희망 직업을 다음 페이지의 표로 정리해 보았다.

자료를 살펴보면 공무원, 의료인, 법조인, 교육자 등으로 답변이 치우치지 않고 제법 다양한 직업이 나왔음을 알 수 있다. 그러나 여전히 아쉬움이 남는다. 1980년대에 태어난 내가 학교를 다녔을 때 우리 부모님들이 희망했던 자녀의 직업과 크게 다르지 않기 때문이다. 물론 그때는 자녀의 직업으로 공무원을 희망하는 부모가 거의 없었다는 점이 다르기는 하다.

이쯤에서 취업포털사이트 커리어넷(https://www.career.go.kr/)에서 제시하는 4차 산업혁명 시대 유망한 직종에 대해 살펴보려고 한다. 무인항공기 시스템 개발자, 스마트 도시 전문가, 3D프린팅 전문가, 정밀 농업기술자, 스마트 팜 구축가, 가상현실 전문가 등을 포함한 서른세 가지 직업이 나온다. 나머지 직업들

상담기초자료의 자녀 진로 희망	응답 수
디자이너	6
선생님	3
과학자	3
건축가	2
의사	2
법조인	2
아나운서	2
공무원	2
요리사	1
운동선수	1
사육사	1
약사	1
대통령	1
농부	1
음악인	1
간호사	1
기타(몸과 마음이 건강한 사람, 아이가 원하는 직업)	7

도 궁금하다면 커리어넷에서 '4차 산업혁명'으로 검색하면 된다. 진부한 표현이지만 세상은 정말이지 눈 깜짝할 사이 변화하고 있다. 시대가 요구하는 인재상과 직업의 형태도 예전과는 확연히 다르다. 그런데 지금의 부모들은 여전히 1980년대 우리네 부모님이 자녀에게 기대했던 직업을 똑같이 희망하고 있다.

2019년 'KOSIS 국가통계포털'에서 발표한 설문 조사에 따르면 학생이 희망 직업을 선택하는 데 가장 많은 영향을 받는 대상이 부모(24.26%)인 것으로 나타났다. 그중에서도 아버지의 영향을 가장 많이 받았다고 응답한 학생은 9.04%, 어머니라고 응답한 학생은 15.22%였다. 부모 중에서도 자녀 진로에 대한 어머니의 가치관이 실제 자녀의 진로 선택에 많은 영향을 준다는 것을 알 수 있다. 참고로 담임 선생님의 영향을 받았다고 응답한 학생은 4.99%였다. 이러한 수치를 보더라도 자녀 교육에 대한 학부모의 인식이 얼마나 중요한지 확인할 수 있다.

물론 공무원, 의료인, 법조인, 교육자 등을 희망하는 것이 잘못되었다는 의미는 아니다. 현실적으로 이러한 직업을 얻기는 어려우니 애초에 포기하고 다른 대안을 찾으라는 뜻은 더더욱 아니다. 조금 더 넓은 시각으로 변화하는 시대를 파악하고 미래 사회를 예측하여 자녀 교육에 대한 다양한 가능성을 열어 두라는 의미다.

하물며 세계경제포럼(WEF)에서 발표한 '일자리의 미래' 보고서에 의하면 현재 초등학교에 입학하는 어린이의 65%는 지금 존재하지 않는 새로운 직종에서 근무할 것이라고 한다. 현재 탄탄한 직업으로 대우받는 공무원, 의료인, 법조인, 교육자 직종도 미래 사회에는 경쟁력을 잃거나 상당수가 인공지능(AI)으로 대체될 가능성도 있다. 부모는 자녀의 진로에 대해 먼 미래를 내다볼 수 있어야 하며 미래에 자녀가 역량을 펼치며 살아갈 수 있도록 전략과 무기를 준비해야 할 것이다.

아이의 교육을
투자로 생각해 보자

요즘 주식, 비트코인, 대체불가토큰(NFT) 등 그야말로 투자 열풍이 불고 있다. 최근에는 자녀에게 경제 교육을 하는 부모님도 많아져 자신의 이름으로 된 주식을 가진 학생들도 꽤 많다. 작년 우리 반의 한 남학생도 주식을 보유하고 있었는데 수익 관리에 제법 진지한 모습을 보면서 '요즘 경제 교육이 많이 확산되긴 했구나.' 하는 생각이 들었다. 투자의 핵심은 무엇인가? 적은 돈으로 큰 수익을 얻는 것이다. 그렇다면 교육에 투자를 잘하려면 어떻게 해야 할까? 어떻게 해야 미래에 큰 효과를 얻을 수 있을까?

자녀 교육에서 기대하는 수익이란 어떤 것일까? 요즘 학부모와 상담하거나 아이를 키우는 친구들과 대화를 나누어 보면 자녀가 단순히 공부를 잘하는 것보다 원하는 일을 하며 행복하게 살길 바란다고들 이야기한다. 유치원에 다니는 아들을 키우는 나의 대답 역시 다르지 않다.

그렇다. 우리는 자녀가 자신이 좋아하는 일을 하며 행복하게 살기를 바란다. 그렇다면 더더욱 자녀 교육에 대한 부모의 투자 방향은 수정되어야 할 필요가 있다. 부모가 자녀 교육에 들이는 투자를 시간과 돈이라고 생각한다면 우선 부모가 투자하는 대부분의 돈은 학원비로 들어갈 것이다. 그렇다면 자녀들은 어떤 학원을 다니고 있을까? 아이가 원하는 일을 하면서 행복하게 크는 데 도움이 되는 학원일까? 요즘은 코딩, 축구, 농구, 수영, 드럼, 기타, 댄스학원 등 예전보다 학원의 종류가 다양해졌다. 그러나 여전히 영어, 수학에 집중되어 있으며 학년이 올라갈수록 더욱 그렇다.

물론 영어, 수학은 무척 중요한 과목이고 학습을 중간에 쉬거나 뛰어넘어 가면 보완하기 쉽지 않은 과목이다. 학문의 기초와 토대가 초등 교육과정에 들어 있다고 해도 과언이 아닐 정도로 초등학교 시기의 학습은 중요하다. 다만, 이제는 영어, 수학 등 학습에 대한 접근 관점을 바꿀 필요가 있다. 학습에 대한 관점을 어떻게 바꾸어야 하는지는 추후 자세히 다룰 것이다. 지금과 같은 방식으로 아이들을 학원에 보낸다면 열심히 사교육에 투자했어도 수익을 기대하기 힘들지도 모른다. 본인이 원하는 것을 하며 행복하게 사는 아이로 키우기 쉽지 않다는 의미다.

시간 측면에서 자녀 교육에 대한 투자를 바라보면 어떨까? 학교에서 아이들을 만나면 별의별 이야기를 다 듣는다. 저학년의 경우 엄마와 아빠에 관한 이야기뿐만 아니라 큰아빠와 할아버지 이야기도 하는가 하면, 고학년도 엄마가 이모와 머리채를 잡고 싸웠다는 등 온갖 이야기를 다 한다. 사정이 이러니 본의 아니게 부모와 아이들이 집에서 어떻게 시간을 보내는지 구체적으로 이야기를 듣는 경우가 많다.

우리 반 학생 중 자신의 엄마를 완벽주의자라고 표현했던 남학생이 있었다. 엄마가 퇴근 후 매일 배움 공책 등 그날의 숙제를 검사하는데 엄마가 느끼기에 완벽하다는 생각이 들어야 비로소 숙제를 끝내고 잠을 잘 수 있다고 말했다. 이러한 이야기를 들으면 부모님에 대한 존경심이 일었다. 나도 밖에서 일을 하는 부모인지라 퇴근 후 아이의 교육을 위해 시간을 들이는 게 얼마나 힘든지 알기 때문이다. 이 학생의 부모님뿐 아니라 어떻게든 퇴근 후나 힘든 집안일과 육아 후 시간을 쪼개 아이의 공부를 봐주는 부모님이 많을 것이다. 한편 부모님들이 아이들을 위해 시간을 투자하는 모습을 보면 아쉬운 마음이 들기도 한다. 조금만 관점을 바꿔 다른 방식으로 시간을 투자하면 더욱 좋을 텐데 하고 말이다.

반짝반짝 빛나는 재능을
가지고 있는 아이들

"본인이 원하는 일을 하면서 행복하게 컸으면 좋겠어요." 이번에는 자녀들이 원하는 것 즉, 자녀의 적성과 흥미에 대한 이야기를 해 보려고 한다. 우선 '원하는 일'이라는 말에 대해 생각해 볼 필요가 있다. '일'이라는 것은 자녀의 적성과 흥미가 단순히 취미 생활로 끝나는 것이 아닌 먹고사는 데 도움이 되는 생계 수단이 됨을 의미한다. 김연아 선수의 적성과 흥미인 피겨스케이팅이 단순히 취미로 끝나지 않고 일로 연결된 것과 백종원 요리연구가의 적성과 흥미인 요리가 일로 연결된 것처럼 말이다.

다수의 부모는 아직 자녀에게서 적성과 흥미를 발견하지 못했다고 이야기한다. 아이가 단순 취미로 즐기는 것은 있지만 이것이 나중에 직업으로 연결되기에는 역량이 부족하다고 말한다. 결국 많은 부모가 내 아이에겐 딱히 눈에 띄는 재능이 없으니 일단 공부라도 해 놓으라는 심정으로 아이들에게 공부를 강조한다.

내 자녀에게 뚜렷한 적성과 흥미가 없는 것 같아 우선 공부를 시켜보겠다고 하기에는 아이들이 가진 재능이 너무도 많다. 학교에서 아이들을 만나면 아직 채굴되지 않은 금이 가득한 '노다지' 같다는 생각이 들곤 한다.

누가 시키지도 않았는데 매일 집에서 그림을 그리고 액자를 만들어 그 속에 그린 그림을 보관하는 아이, 앵무새가 좋아 아침마다 교실에서 앵무새에 관한 책을 펴고 열심히 읽는 아이, 아프리카 특정 지역에 관해 공책 두 쪽을 빽빽하게 채울 수 있을 정도로 지식에 해박한 아이, 다음날 학교에서 어떤 코딩 수업을 할까 설레는 마음으로 잠자리에 든다는 아이…. 반짝반짝 빛나는 아이들을 볼 때면 왜 눈앞에 이런 원석을 두고도 그 가치를 발견하지 못할까 아쉬운 마음이 들곤 한다.

영어 교육의 본질은
무엇인가

3년 전 1학년 담임을 맡은 적이 있다. 한 아이가 숙제를 제출하며 "선생님, 여기 숙제요. 엄마가 블루 파일(Blue file)에 담아 주셨어요."라고 했다. 아이의 영어 발음이 너무 좋아 깜짝 놀랐는데 나중에 알고 보니 아이는 영어 유치원 출신이었다.

주말에 아이와 가는 키즈카페에서도 영어 유치원에 다니는 아이들을 종종 만난다. 그 아이들은 친구들끼리 이름을 부를 때도 영어 이름을 부르고 간단한 대화도 영어로 나눈다. 가끔 부모가 아이에게 영어로만 이야기하는 모습을 볼 때도 있고, 심지어 곱창집에서 부모는 곱창을 먹고 아이는 영어책을 펼쳐 영어 공부를 하는 장면을 본 적도 있다.

주변에 자녀를 영어 유치원에 보내는 동료 선생님도 많다. 나도 여건이 된다면 아이를 영어 유치원에 보내고 싶다. 어릴 적부터 영어에 노출되어 영어를 잘 말할 수 있다면 좋을 테니 말이다. 영어는 배워 놓으면 여러모로 유용하다. 영어만큼 배워 두면 평생 유용하게 써먹을 수 있는 과목도 없을 것이다.

그런데 궁금하다. 아직 우리나라 말도 제대로 떼지 못한 어린 아이를 앞다투어 영어 유치원에 보내고 초등학교에 가서도 영어 학원만큼은 계속해서 보내는 이유에 대해서 말이다. 좋은 대학에 가기 위해 영어를 배운다면 군이 영어 유치원, 영어 회화 학원까지 다닐 이유가 없다. 잘 듣고 잘 읽고 문제만 잘 풀면 회화를 하지 못해도 좋은 성적을 받을 수 있고, 원하는 대학에 가는 데 지장이 없으니 말이다.

아이가 나중에 외국 여행을 갔을 때 유창하게 말을 잘하기 위해 어릴 적부터 그 돈을 들여 영어 공부를 시키는 것일까? 그렇지도 않을 것이다. 하물며 앞으로는 인공지능 번역기가 어떤 언어든 척척 번역해 준다고 한다. 지금도 이미 여러 번역 프로그램이 등장하고 있고, 그 프로그램의 성능은 나날이 발전하고 있다. 언어의 장벽이 계속 낮아지고 있는 것이다.

많은 미래 보고서에서 지금과 같은 교통과 통신 발달 속도라면 앞으로 국경은 큰 의미가 없어질 것이라고 예측한다. 고속철도가 발달하고 비행기가 대중화하면서 전국이 1일 생활권이 된 것처럼 앞으로 전 세계가 1일 생활권이 된다는 의미다.

생각해 보자. 우리 아이들이 대학에서 공부하고 사회생활을 할 때쯤에는 국경의 경계가 허물어질 가능성이 높다. 아이들은 우리나라가 아닌 외국 캠퍼스에서 다양한 나라에서 온 친구들과 함께 수업을 듣고 일하게 될 것이다. 한편 교통과 통신의 발달 속도만큼이나 언어 번역 기술도 비약적으로 발달하고 있기 때문에 언어 자체가 문제가 되어 소통에 어려움을 겪는 일 또한 크게 없어질 것이다.

상황이 이러한데도 많은 부모가 자녀의 영어 교육에 중요한 것을 간과하고 있다. 그것은 바로 타 문화에 대한 이해와 존중이다. 영어는 글자 그대로 지구 공용어일 뿐이다. 우리는 영어권 나라에서 태어나지 않았으니 그 언어에 다소 서툴고 발음이 부정확하며 원어민과 같은 발음을 낼 수 없는 것은 당연하며 전혀 부끄러운 일도 아니다. 대화에서 중요한 것은 발음이나 문법, 말하기 스킬이 아니라 경청과 공감, 타인에 대한 존중을 바탕으로 한 진정한 소통이다.

그런데 여전히 자녀가 완벽한 영어를 구사하길 바라며 유창한 발음과 정확한 문법 등에 초점을 두어 교육하는 부모가 많다. 초등학교 2학년부터 자녀에게 어린이를 위한 영어 시험을 보게 해 그 점수를 SNS에 인증하는 부모도 많다.

영어를 완벽하게 구사하더라도 다른 문화를 이해하지 못하고 다른 문화권의 사람과 공감하며 이야기를 나눌 수 없다면 무슨 소용이 있을까. 교실에서는 영어를 잘할지 모르나 타 문화권에 대한 이해는커녕 같은 문화권의 친구들조차 공감하고 이해하지 못하는 아이들이 수두룩하다. 이런 모습을 보면 역시나 아쉬운 마음이 든다.

2장

학교에서 만난
다양한 사례

너희들 진짜
디지털 네이티브 세대 맞아?

2019년 겨울, 코로나19가 전 세계로 퍼져 나갔다. 그때만 해도 금방 잠잠해지겠지 했던 것이 걷잡을 수 없이 악화돼 개학이 연기되는 초유의 사태를 맞이했다. 학기 시작이 계속 미루어지고 미루어지다 결국 원격 수업 형태로 아이들을 만났다. 나 또한 처음 온라인 수업을 준비하며 우여곡절이 많았으나 그보다 더 놀랐던 것은 컴퓨터에 대한 지식이 부족한 아이들의 모습이었다.

2021년에는 6학년 아이들을 가르쳤다. 디지털 환경에 익숙하여 '디지털 네이티브 세대'라고 불리는 아이들이다. 그런데 이게 웬일인가. 아이들과 온라인 수업을 하며 소위 말해 '멘붕' 상태에

빠져 수업 계획을 전면 수정해야 하는 경우가 많았다. 크롬이 뭔지, 인터넷 익스플로러는 뭔지(당시만 하더라도 익스플로러를 사용했다), 회원 가입은 어떻게 하는지, 아이디는 어떻게 만드는지 하나부터 열까지 알려 줘야 했기 때문이다. 스마트폰으로 친구들과 사진을 주고받는 것은 잘하면서 개인용 컴퓨터(PC)에서 사진을 어떻게 다운로드 받아 저장하여 원하는 곳에 불러오는지, 메모장을 PC 어디에서 불러와 사용하는지, 보내 준 학습지 파일을 어떻게 여는지, 완성한 파일은 다시 어떻게 선생님에게 보내는지, 원하는 정보를 검색하기 위해 어떻게 검색어를 입력해야 하는지… 이런 부수적인 것을 지도하느라 막상 준비한 수업을 시작하지 못한 적이 수두룩했다.

모든 것이 디지털화 되어 가고 생활 속에 인공지능이 자리한 지금, 검색 하나로 모든 것을 해결할 수 있어 더 이상 지식을 암기할 필요가 없다고 말하는 이 시대에 컴퓨터 기본 사용법도 잘 모르는 아이들을 보며 다소 놀라기는 했으나, 한편으론 '그래, 그럴 수 있지.' 하며 사용법을 차분히 알려 주었다. 그런데 나는 학부모의 모습에서 또 한 번 놀랐다.

우리 학급은 에듀테크, 인공지능 수업을 학급 특색 활동으로 하고 있던 터라 수업에 필요한 프로그램 설치 파일이 많은 편이었다. 프로그램 파일, 활동지 파일 등을 학급 밴드에 미리 올려 둔 뒤 수업 전 설치하도록 안내했는데, 한두 번 정도는 부모님들이 아이를 대신해 도와줄 수 있다고 생각했다. 그런데 매번 공지를 띄울 때마다 모든 것을 대신해 주는 부모님들이 꽤 많았다. 프로그램 파일을 부모님이 다운 받아 아이가 사용하는 PC에 설치해 주고 활동지 파일도 부모님이 프린트 하여 아이에게 건네주는 식이었다. 아이가 온라인 수업 중에 컴퓨터 관련 문제로 어려움을 겪으면 잠시 회사에서 나와 아이의 문제를 직접 해결해 주는 부모님도 있었다.

아이가 수학이나 영어 문제를 풀다가 모르는 것이 있으면 아이에게 문제를 푸는 방법을 알려 준다. 비슷한 문제가 나왔을 때 혼자 풀 수 있기를 기대하며 도움을 주는 것이다. 계속 그 문제를 틀린다면 아이에게 바로 도움을 주기보다 스스로 해결할 시간을 주고 아이가 자기 힘으로 해결하도록 기다려 준다.

컴퓨터도 수학, 영어에 대한 접근과 크게 다르지 않아야 한다고 생각한다. 오히려 모든 것이 디지털화 되고 새로운 기술이 쏟아져 나오는 세상에선 디지털을 잘 이해하고 활용하는 능력이 수학, 영어 문제를 잘 푸는 것 이상으로 중요하지 않을까?

미국에선 마이크로소프트, 애플 등 기업과 정부가 협력하여 유치원부터 컴퓨터, 과학, 디지털 문해력 교육을 활발히 한다. 그런데 우리나라 부모님들은 자녀가 행여 프로그램 설치에 진을 빼고 시간만 까먹다가 다른 공부를 못 하는 것은 아닐까, 프린터와 씨름하다가 학원 숙제를 못 하는 것은 아닐까, 별로 중요하지 않은 컴퓨터 작동에 시간과 에너지를 소비하는 것은 아닐까 하며 아이가 오로지 공부에만 집중하도록 나머지 일을 처리하느라 바쁜 것 같다.

프로그램 설치, 이미지나 문서 파일 다운로드와 업로드, 정보 검색, 인쇄, 회원 가입, 계정 만들기, 이메일 보내기 등 디지털 정보를 읽고 쓸 줄 아는 디지털 문해력은 이 시대에 학생이 배워 스스로 할 줄 알아야 하는 필수 역량이다. 또한 이렇게 컴퓨터를 사용하며 겪는 문제를 해결하기 위해 인터넷에 흩어져 있는 정보를 검색하고 그 정보를 읽어 문제를 해결하는 과정은 영어, 수학 문제를 하나 더 푸는 것보다 의미 있는 경험일 수 있다.

우리나라에서는 초등학교 6학년이 되어서야 실과 교과에서 소프트웨어 교육을 시작한다. 아이들이 정규 교육과정에서 컴퓨터 수업을 받을 일이 그전까지는 없다. 상황이 이러니 사교육을 통해 컴퓨터 수업을 받지 않은 아이들이 컴퓨터를 잘 다루지 못하는 것이 이상한 일이 아니다. 미국의 경우 '컴퓨터 과학 및 디지털 유창성', '컴퓨터 과학' 등의 교과가 별도로 편성되어 유치원 때부터 학생들이 컴퓨터와 디지털 문해력을 학습한다. 이에 비추어 볼 때 비록 학교에서는 초등학교 고학년이 되어서야 컴퓨터 수업을 시작하더라도 가정에서는 틈틈이 아이에게 컴퓨터 교육을 해 기본 기능을 다룰 수 있도록 연습해 보는 것이 좋을 것이다.

체험학습 보고서
재미있게 쓰는 방법

　체험학습 보고서에 대해서도 할 말이 많다. 교육과정에 따라 학교마다 체험학습에 사용할 수 있는 일수가 약간씩 차이가 있으나 모든 학교에서 교외 체험학습을 허용한다. 가족 여행, 친·인척 방문, 견학 활동, 체험 활동 등이 교외 체험학습의 사유가 된다. 제출 사유를 보면 방학 중 성수기를 피해 비수기 동안 가족 여행을 다녀오는 경우가 가장 많다. 여행지로 제주도와 강원도가 매년 빠지지 않고 등장한다. 온 가족이 모처럼 여행을 떠나는 것이니 가족 구성원 모두 즐길 수 있는 여행지로 선택한 것이다.

　그러나 이왕 가는 체험학습이 교육적으로 아이에게 도움이 되길 원한다면 그 시기 아이가 교과서에서 배우는 내용과 관련 있는 여행지에 가는 것은 어떨까? 저학년의 경우 《봄》, 《여름》, 《가을》, 《겨울》이라는 계절 교과서를 배우는데 교과서에 나오는 곳에 직접 방문하여 책으로만 보던 것을 눈으로 확인하고 직접 체험 활동을 해 보는 것은 교육적으로 의미가 클 것이다.

2021년 5학년 담임을 맡았다. 5학년 2학기 사회 교과서에서 다루는 내용은 우리나라의 역사다. 당시 학급에서 통일신라 시대에 대해 배웠는데 한 학생이 가족과 교외 체험학습을 경주로 다녀왔다. 교과서 진도에 맞춰 일부러 목적지를 그곳으로 정한 것이다. 그 학생은 교과서에서 사진으로만 보았던 삼국시대 유물을 국립경주박물관에 가서 직접 눈으로 보았고, 첨성대에 갔을 때는 첨성대가 생각보다 너무 작다며 학급 단체방에 사진을 보내 주기도 했다. 체험학습에 다녀와서 친구들과 선생님에게 자신이 찍은 사진을 보여 주며 전시관에서 큐레이터의 설명을 듣고 알게 된 내용에 대해 이야기를 나누었는데 덕분에 다른 학생들도 간접 경험을 할수 있었다. 교외 체험학습 신청서를 쓰고 여행갈 계획이라면 놀고 즐기고 휴식하는 것도 좋지만 아이에게 교육적으로도 의미 있는 곳을 다녀오기를 추천한다.

체험학습을 다녀온 뒤에는 보고서를 제출해야 한다. 학교 수업을 대신해 교외 체험학습을 다녀온 만큼 보고서를 작성해야 출석이 인정된다. 저학년 학부모들은 보고서를 작성해 본 적이 없어

인터넷 검색을 많이 하는 편이다. 인터넷 검색창에 '초등학교 현장 체험학습 보고서' 등으로 검색하면 정성스레 작성된 여러 편의 보고서 샘플이 나온다. 그래서인지 저학년 학생들이 제출하는 보고서는 학생이 여행지에 가서 무엇을 경험하고 느꼈는지 비교적 자세히 적혀 있는 편이다. 그러나 아이들이 고학년이 되면서 체험학습 보고서의 질은 급격히 떨어진다.

컴퓨터 문서 작성 프로그램으로 작성된 보고서, 부모의 자필로 작성된 보고서, 아무런 설명 없이 사진만 덩그러니 붙은 보고서, 학생이 자필로 쓴 보고서 등 보고서 제출 유형도 다양하다. 체험학습 보고서는 학생이 자필로 직접 쓰는 것이 좋다. 교외 체험학습은 교과서와 내 주변의 동네를 벗어나 새롭고 넓은 세상을 직접 경험하는 좋은 기회이니 만큼 학생이 느낀 바를 직접 적어 보는 것이 도움이 된다.

보고서에 어떤 내용을 쓸지 고민이라면 여행을 떠나기 전에 보고서에 대한 계획을 미리 세워 보는 것도 좋다. 체험학습은 동시에 가족 여행인 만큼 휴식과 즐거움도 포기할 수 없으므로 학습과 관련된 일정은 한 가지 정도만 가볍게 세워 두길 추천한다. 제주도로 가족여행을 간다면 아이에게 지금 학교에서 배우는 내용을 물어보거나 평소 아이가 좋아하고 관심을 두는 분야를 떠올려 보는 것이다. 예를 들어 아이가 동물을 좋아한다면 제주도에서 동물을 체험하는 코스를, 요리에 관심이 있다면 제주 대표 음식을 즐기는 코스를, 그림에 관심이 있다면 그림을 관람할 수 있는 코스를 넣는 식이다. 아이와 상의하여 아이가 원하는 코스를 넣어도 좋다.

여행을 떠나기 전에는 아이를 위해 넣은 코스에 대해 아이와 이야기를 나눠 본다. "네가 동물을 좋아해서 이번 제주도 여행에서는 말을 체험하는 코스를 넣었어. 제주도에는 말이 사는 넓은 초원이 유독 많단다. 여행을 떠나기 전에 그 이유에 대해 네가 인터넷이나 책을 통해 간단한 정보를 찾아보았으면 좋겠어." 하는 식으로 말이다. 사실 아이들은 정보를 찾지 않을 가능성이 크다. 그렇다면 부모가 미리 간단한 정보를 수집하자. 조금만 검색해도 아이에게 이야기해 줄 수 있는 좋은 정보를 쉽게 찾을 수 있다. 여행지에 가서는 직접 말을 보고 부모가 알고 있는 지식을 아이에게 이야기해 줘도 되고, 부모가 찾은 내용을 바탕으로 말 농장을 운영하는 분에게 직접 질문을 해 봐도 좋다.

아이는 이 과정을 통해 무언가를 배울 것이다. 체험학습을 다녀온 뒤에는 새롭게 알게 된 내용을 중심으로 보고서를 작성하면 된다. '가족들과 제주도에 갔다. 제주도에 가서 말을 봤는데 신기하고 재미있었다.'라는 문장과 차원이 다른 보고서가 탄생할 것이다.

공부를 왜 하냐고요?
숙제 좀 없애 달라고요?

얼마 전 인터넷에서 깊은 공감을 일으키는 짧은 동영상을 하나 봤다. 장항준 영화감독이 어느 프로그램에 나와서 한 말을 편집한 내용이었다.

"왜 방송국 피디를 뽑을 때 서울대 연·고대를 뽑을까? 국·영·수 잘하는 거랑 방송국 피디가 무슨 상관이라고? 아! 잠 안 자고 공부해 봤던 놈들을 뽑는 거구나!"

나는 평소 〈쇼미더머니〉를 즐겨본다. 특히 〈쇼미더머니10〉은 그 어떤 시즌보다 재미있게 시청했다. 많은 참가자 중 인상 깊었던 래퍼는 '신스'와 '조광일'이었다. 꿈을 위해 치열하게 노력해서 결국 꿈을 이루는 것이 무엇인지 여실히 보여 주는 산증인 같았다. 신스의 노래 〈Face time〉의 가사 중 이런 내용이 있다.

"안 해 본 게 없지 치킨집에서 편의점, 야간 택배 상하차까지. 하남에 가서 받은 일당이 아까워서 난 기다렸네. 첫차까지."

자신의 꿈 하나만 보고 서울로 상경해 각종 아르바이트를 하며 음악 장비를 사고 생활비를 감당했다는 내용이다. 야간 택배 상하차까지 해 봤다고 노래한다. 참고로 신스는 여성 래퍼다. 이렇게까지 자신의 꿈을 위해 치열하게 노력하다니 멋있어 보였다. 한편 조광일은 속사포 랩을 하면서도 가사 전달이 명확하기로 유명한데 알고 보니 그렇게 되기까지 뼈를 깎는 연습 시간이 있었고, 열심히 연습하는 것으로 유명해 〈세상을 바꾸는 시간 15분〉에서 강연을 하기도 했다.

학교에서 학생들과 이야기를 나눌 때 종종 래퍼, 크리에이터, 프로게이머, 연예인, 운동선수 등의 직업은 공부를 안 해도 될 수 있다고 생각하는 사례를 접한다.

"선생님, 저는 어차피 나중에 크리에이터 할 거라서요. 공부는 별로 필요 없어요."

또 학교에서 아이들을 만나다 보면 항상 듣는 질문이 있다.

"진짜 공부를 왜 하는지 모르겠어요. 선생님, 숙제 안 하면 안 돼요?"

때로는 숙제를 줄여 달라고 민원을 제기하는 학부모도 있다.

아이들의 반응과 학부모의 민원을 맞닥뜨릴 때면 숙제에 대한 고민이 깊어진다. 교원평가 때 아이들이 "선생님, 다 좋은데 숙제를 조금만 줄여 주세요."라고 의견을 주었을 때는 아이들의 의견을 수용하여 숙제의 양을 대폭 줄이고 금요일에는 가급적 숙제를 내주지 않았다. 그래도 적은 양이라도 꾸준히 숙제를 내는 이유는 간단하다. 근성을 기르기 위함이다.

누구나 반드시 자신의 분야에서 최고가 될 필요는 없다. 다른 누군가를 이기기 위해 경쟁할 필요는 더더욱 없다. 그러나 나의 분야에서 조금 더 성장하기 위해 스스로 목표를 정하고 차근차근 달성해 나가는 태도는 반드시 필요하다.

스스로의 힘으로 조금씩 성취하면 나도 모르게 꽤 많은 것을 이루고 성공도 경험할 수 있다. 이러한 보람은 나 자신에게 크나큰 기쁨을 주고 행복한 삶을 살게 하는 원동력이 된다.

초등학생들이 그리도 되고 싶어 하는 유명 래퍼, 연예인, 크리에이터, 프로게이머, 운동선수…. 그들 역시 자신의 꿈을 이루기 위해 작은 목표를 세우고 꾸준하고 진득하게 피나는 노력을 해 왔을 것이다. 설령 운이 좋아 반짝 무언가를 이루고 성공할 수 있어도, 그러한 사람들은 대개 밑천이 드러나 금방 거품처럼 사라진다.

아이들에게 숙제를 내는 이유는 숙제를 통해 하루 한 시간 책상에 진득히 앉아 있는 힘을 길러 주기 위함이다. 초등학생이 근성을 기르는 가장 간단한 방법은 일단 책상에 엉덩이를 붙이고 앉아 스스로 공부해 보는 시간을 늘리는 것이다. 자발적으로 책을 펴고 공부하면 가장 좋겠지만 이는 어른에게도 결코 쉽지 않은 일이기에 어쩔 수 없이 숙제를 내 준다. 물론 학생들이 제출한 숙제엔 꼼꼼히 답변을 주고 칭찬과 응원의 메시지를 적는 것도 잊지 않는다.

이 과정을 통해 대부분의 학생들이 숙제를 하루도 밀리지 않고 제출한다. 그렇게 자신도 모르는 사이 엉덩이의 힘이 길러 지고 의외로 공부가 할 만하고 막상 해 보니 재미있다는 것도 경험한다. 또한 엉덩이를 붙이고 앉아 자의든 타의든 책을 펴고 공부하는 시간은 나중에 무엇을 하든 근성을 기르는 데 도움이 될 것이다. 그러니 이제 교원평가에도 이렇게 쓰자. '선생님, 숙제를 내 주셔서 감사합니다.'

이거 성적에 들어가요?
그럼 열심히 해야지

코로나19가 발발한 후 2020년은 누구나 온라인 수업이 처음이었기에 일종의 과도기를 겪었다. 2021년에는 온라인 수업이 제법 자리를 잡아 우리 반의 수업도 원활히 이루어졌다. 그런데 한두 명 정도가 수업 도중 항상 카메라 밖으로 사라졌다. 알고 보니 거실에 나가 밥을 먹고 오는 것이었다. 실과, 미술, 음악 등 크게 중요하지 않다고 생각하는 시간에는 카메라 밖으로 나가 허기를 달래거나 휴식을 취하고 오는 아이들이 있었다.

학교에서 수업을 할 때 종종 안타까울 때가 있다. 초등학생인데 벌써부터 성적에 들어가는 것만 열심히 하고 본인이 생각하기에 중요하지 않은 것은 대충하는 아이들이 있다. 혼자만 덜 열심히 하면 그나마 나은데 다른 아이들 활동에 지장을 주기도 한다. 체육 시간에 모둠원들이 모두 힘을 합쳐 신체 동작을 만들거나 협동하여 연극 무대를 만들어야 하는데 제대로 참여하지 않는 경우 등이다. 이런 아이들이 속한 모둠은 다툼도 자주 발생한다. 열심히 하고자 하는 아이들과 마찰이 있는 탓이다.

그런데 이런 아이들을 적극 참여하게 하는 '마술'이 있으니 다음과 같은 주문이다. "친구들과 협동하는 과정도 전부 수행평가에 들어갑니다." 이 한마디에 언제 그랬냐는 듯이 참여하지 않던 아이들이 적극적으로 아이디어를 내고 열심히 활동하기 시작한다.

이런 아이들은 대개 성적 이외의 것에는 무심하고 일상생활에서 타인에게 피해를 줄 때가 많다. 급식을 먹으러 가기 위해 줄을 서야 할 때도 자기가 하던 일을 끝까지 마치고서야 줄을 서 다른 친구들을 기다리게 만든다든가, 물티슈 등의 일반 쓰레기를 분리수거함에 버린다든가, 교실 청소를 하는 척만 하고 눈치만 본다든가 하는 식이다.

친구 관계, 기본 생활 습관 등이 부족한데 공부만 잘하는 아이들이 있다. 이런 아이들은 교우 관계, 인성의 중요성에 대해 이야기해 주어도 잘 받아들이지 않는 경우가 많으며, 공부만 잘하면 다른 것들은 부족해도 괜찮다는 인식이 팽배하다.

초등학생 때부터 공부, 성적이 인생의 전부가 되어서는 안 된다. 또한 이때의 공부가 좋은 성적을 받기 위한 수단이 되어서는 더더욱 안 된다. 초등학생 때는 아이가 공부의 즐거움을 느낄 수 있도록 해 주고 스스로 공부할 수 있는 내적 동기를 키워 주어야 한다. 벌써부터 좋은 점수를 받기 위해 공부한다면 앞으로의 공부는 아이에게 고통으로 다가올 뿐이다. 행여 중·고등학교에 가서 학업이 어려워져 성적이 떨어지면 이런 아이들은 회복하기도 어렵다. 따라서 좋은 성적 못지않게 교우 관계, 인성 교육에도 힘써야 한다.

3장

내 자신과
주위를 둘러보라

좋은 성적을 받고 좋은 대학, 좋은 회사 가면 행복하던가요?

다시 이야기의 처음으로 돌아가 보자. 부모는 아이들이 행복하게 살기를 진심으로 바란다. 행복에 대한 그림은 부모마다 다르겠지만 '하고 싶은 일을 하며 경제적으로도 풍족한 상태'라는 큰 틀은 비슷할 것이다. 우리는 아이들의 행복을 위해 공부를 시킨다. 아직 우리 아이가 어떤 것에 특출 난지 몰라서, 나중에 아이가 선택할 수 있는 폭을 넓히기 위해서, 공부를 잘해서 좋은 학교에 가고 좋은 직업을 가지면 돈을 잘 버니까…. 이러한 이유로 일단 좋은 성적을 받고 보는 게 아이의 행복에 도움이 되리라 생각한다. 그 과정에서 많은 아이가 왜 해야 하는지 이유도 정확히 알지 못한 채 쉴 새 없이 학원을 다니고 친구들과 경쟁한다.

정말 이 방법밖에 없는 걸까? 좋은 성적을 받아 좋은 학교를 졸업해 좋은 직업을 가지면 아이들이 행복하게 살 수 있는 걸까? 의과대학에 진학하고도 서울대·고려대·연세대(SKY) 의대에 진학하기 위해 자퇴를 하고 다시 수능을 치는 학생들의 비율이 높아졌다는 기사, 차등 등록금 지급에 스스로 목숨을 끊었다는 카이스트 학생의 이야기, 우리나라 학생들의 행복 지수가 OECD 국가 중 하위권이라는 기사들이 끊임없이 나오고 있다.

내 주변에도 지방대 의대를 합격하고도 서울에 있는 의대에 가기 위해 스물아홉 살이 될 때까지 수능을 본 친구가 있다. 마지막으로 그 친구의 모습을 본 것이 스물아홉 살이었는데 그때 본 친구의 얼굴은 활기라고는 전혀 찾아볼 수 없을 정도로 수척했다. 그 후 그가 서울에 있는 의대에 합격했는지 어땠는지는 모르겠다.

고등학교 때 친했던 친구의 언니 소식도 안타깝다. 언니는 경기 과학고를 조기 졸업한 후 카이스트에 입학했는데 그곳에서 줄곧 성적이 하위권에 머물렀다. 그는 결국 이러한 상황을 견디지 못해 카이스트를 자퇴하고 학원 강사로 일했는데 그 생활에 만족하지 못해 여전히 힘든 시간을 보내고 있다고 한다.

어디 이뿐인가. 대학 졸업 후 마땅히 취업을 하지 못해 약학대학원 시험을 봐 그곳에서 또 공부를 하고 드디어 약사가 된 친구는 지금 수험생 시절보다 더 큰 스트레스에 시달리고 있다. 동기들은 서울에서 개국해 돈을 잘 벌고 있는데 자신은 페이 약사를 하고 있다며 불안해 한다. 페이 약사의 월급은 500만 원이 넘는다. 그 정도 수입이면 충분하지 않느냐고 이야기해 줘도, 서울이 아닌 경기도에 개국을 하면 좋지 않겠느냐고 이야기해도 그녀의 귀에는 들어오지 않는 눈치다.

진정 좋아하고 원하는 것이 무엇인지 모른 채 그저 입시에 매몰된 공부를 하며 성적, 순위가 매겨지는 삶에 내던져지는 아이들은 끝끝내 행복을 경험하기 어려울 것이다. 객관적으로 남들이 보기에는 대단한 성과를 이루었다 해도 그들 주변에는 항상 그들을 뛰어넘는 더 뛰어난 누군가가 존재하기 때문이다.

부모에게 떠밀려 좋은 대학, 좋은 직업만을 위해 공부한 아이들은 설령 그 목표를 이룬다 한들 다른 누군가와 자신을 끊임없이 비교하며 괴로워하고 불행해질 수 있다. 자신이 하고 있는 일에서도 즐거움이나 보람을 느끼지 못해 그 좋은 직업을 갖고도 일을 고통으로 여기며 힘들게 살 수도 있다.

공부를 잘해야만
여유 있게 살던가요?

내가 고등학생이었을 때 우리 동네는 비평준화 지역이었다. 고등학교에 들어가기 전 연합고사라는 시험을 쳐 성적에 맞게 고등학교에 입학했다. 나는 동네에서 가장 좋은 학교에 들어가 치열하게 공부했고, 내 친구들도 다 그렇게 공부했다. 그런데 요즘 고등학교 친구들을 만날 때마다 입버릇처럼 하는 이야기가 있다.

"고등학교 때 그렇게 공부를 할 게 아니라 기술을 배웠어야 해."

나는 그래도 이십 대 후반에 원하는 길을 찾아 도전해 현재의 직업을 얻었다. 그리고 초등학교 교사라는 이 직업이 정말 재미있고 이 직업을 사랑한다. 그러나 내 친구들 대부분은 대기업에 입사해 자신의 전공, 취미와 무관한 업무를 하며 돈을 벌기 위해 일을 견디고 있다. 그리고 직장인 월급이라 액수가 크지도 않다며 불만을 토로한다. 내 친구들은 어차피 이렇게 하기 싫은 일은 하며 돈을 벌 줄 알았다면 진작 기술을 배워 돈이라도 많이 벌걸 하고 후회한다. 이러한 이야기는 비단 친구들뿐 아니라 지금 내 또래의 자녀를 둔 부모에게서도 많이 듣는다.

"그렇게 공부를 시켜 봤자 자식이 취업도 못하고 힘들어 할 줄 알았다면 기술이라도 배우게 하는 거였는데….."

우리 부모 세대 때야 열심히 공부하면 개천에서 용이 나던 시대라 공부가 성공과 출세로 연결되었지만, 지금은 공부를 열심히 한다고 해서 무조건 성공과 출세가 보장되지도, 물질적 풍요를 얻기도 어려워졌다. 갈수록 높아지는 공무원 시험 경쟁률만 봐도 그렇다.

반면 자신이 원하는 일로 막대한 수익을 올리는 사람들도 있다. 자신만의 특별한 콘텐츠로 유튜브를 운영해 엄청난 수익을 올리는 크리에이터, SNS의 유명 인플루언서, 온라인 마켓으로 막대한 돈을 벌고 있는 사람들 등이 그렇다.

이들의 삶을 보면 자신들이 평소 잘하고 원하던 것을 집요하게 파고들어 성공을 이루었다는 공통점이 있다. 요즘 자신이 좋아하는 것을 바탕으로 돈도 잘 버는 사람들이 얼마나 많은지 알고 싶다면 텀블벅, 크몽, 클래스101 등의 플랫폼을 둘러볼 것을 추천한다. 세상에는 얼마나 다양한 분야의 일이 있는지, 얼마나 많은 사람이 자신의 흥미와 강점으로 틈새시장을 공략해 성공을 거두고 있는지 알 수 있다.

학창시절 학업을 성실히 수행하고 공부를 열심히 하는 것은 중요하지만 그것이 반드시 좋은 대학, 좋은 직업을 위한 것일 필요는 없다. 그보다 오히려 세상의 흐름을 읽고 그 속에서 통찰을 발견하는 눈이 훨씬 중요하다. 더군다나 앞으로의 세상에선 더더욱 대기업, 전문직에 연연하기보다 자신의 흥미와 강점으로 새로운 시장을 찾아 개척하는 능력이 훨씬 더 필요해질 것이다.

세상은
정말 달라졌어요

구정 때 시댁에 방문했다. 모처럼 가족이 다 같이 모여 식사를 하고 요즘 어떻게 지내는지 근황을 이야기했다. 시아버지와 아주버니(남편의 사촌형)의 대화가 흥미로웠는데 대화 주제는 아주버니의 이직이었다. 아주버니는 두 차례 이직을 했다. 이번에 이직한 곳은 유통회사로 큰 기업에서 적극 투자를 받고 있는 회사다. 나는 앞으로 밀키트와 가정 간편식(HMR)을 취급하는 시장 규모가 더욱 커지리라 생각했기에 아주버니의 이직 소식이 반가웠다. 그런데 시아버지는 걱정스러운 반응이었다. 밀키트 시장 자체도 생소할 뿐더러 아주버니가 이직한 회사를 그저 조금 잘 나가는 중

소기업 정도로 생각한 듯했다. 멀쩡한 대기업을 그만두고 왜 이리 이직을 자주 하는지 아쉬워하는 듯했다. 하지만 나는 대화를 들으며 속으로 조용히 아주버니 의견에 동의했다. 아주버니 말처럼 요즘은 회사를 자주 옮겨 다니며 적극적으로 회사의 프로젝트를 맡아 몸값을 계속해서 불려 나가는 시대이기 때문이다.

시아버지는 연세가 있으니 그렇게 생각하는 것이 이해가 됐다. 그런데 오랜만에 모인 선생님들과의 모임에서 나누었던 대화는 조금 놀라웠다. 이제는 같은 학교에 근무하지 않지만 예전에 함께 같은 학년을 맡아 근무하던 선생님들을 오랜만에 만났다. 함께 모인 선생님 중 올해 고3이 되는 자녀를 둔 사람이 있어 대화가 자연스레 그쪽으로 향했다.

한 선생님이 조카에 관한 이야기를 했는데 작년에 수능을 본 모양이었다. 약학대학원이 없어져 다시 약대가 학부로 내려왔는데도 조카는 가족들의 만류를 뿌리치고 약학과 대신 통계학과를 선택했다고 했다. 나는 그 조카가 현명한 결정을 했다고 생각했으나 다른 선생님들은 좋지 않은 선택이라고 생각하는 듯했다. 조심스레 약사가 인공지능으로 대체될 가능성, 통계학과가 앞으로 왜 유망한지에 대해 이야기해 보았다. 물론 나의 말이 100% 정답은 아니고 다른 선생님들의 의견을 존중하지 않는 것도 아니다. 그러나 세상이 놀랍도록 바뀐 것에 비해 교육과 진로에 대한 시각은 좀처럼 바뀌기 어렵다는 것을 실감했다.

앞서 이야기했듯 자녀의 진로 선택에 가장 많은 영향을 주는 대상은 어머니다. 세상은 무서운 속도로 바뀌고 있으며 앞으로 어떤 시대가 올지 예상조차 되지 않는다. 부모는 항상 세상이 어떻게 흘러가는지 트렌드를 파악하고 미래가 요구하는 인재상에 맞게 자녀를 교육해야 한다. 나는 우리 부모님들이 기존 교육에 대한 틀을 과감히 깨고 자녀 교육에 대해 새로운 관점으로 접근하길 바란다. 그렇다면 과연 그 미래를 대비할 교육이란 무엇일까? 지금부터 자세히 이야기해 보려고 한다.

2부

자녀 교육,
이것만 기억하라

4장

문제를 해결하라

문제를 해결하는 자는
살아남는다

첫 장을 읽으며 많은 부모님이 궁금해 했을 것이다. 그래서 도대체 미래 교육을 어떻게 해야 하는 것인가 하고 말이다. 자, 드디어 첫 번째 비법을 공개한다. 그것은 바로 '문제 해결'이다. 이는 정말이지 백 번을 강조해도 지나치지 않는다. 그런데 간혹 문제 해결이라는 용어에 대해 잘못 이해할 때가 있다. 문제 해결 혹은 창의적 문제 해결을 참고서 문제를 푸는 것으로, 해답지의 풀이가 아닌 독특한 방법으로 해결하는 것으로 이해하는 경우다.

여기서 말하는 문제 해결이란 교과서, 참고서에 있는 문제를 푸는 것이 아니다. 창의적 문제 해결이란 무엇을 의미할까? 실생활에서 문제점이나 개선해야 할 점을 찾아 그것을 효율적이고 편리한 방식으로 해결하는 것을 말한다. 문제 해결은 왜 중요할까? 왜 이것이 자녀 교육에서 가장 중요한 첫 번째 요소일까? 역사의 발전 과정은 곧 문제 해결의 과정이었다. 앞으로 어떤 시대가 오든 문제를 해결할 수 있는 사람은 반드시 살아남는다고 확언할 수 있는 이유는 어떤 시대가 오든 그 시대가 당면한 문제는 반드시 존재하기 때문이다.

역사의 발전 과정을 간략하게 살펴보자. 인류의 문화가 본격적으로 꽃피기 시작한 농경시대를 떠올려 보면 그 시대에는 농작물을 증가시키는 것이 중요한 문제였다. 사람들은 이 문제를 해결하기 위해 여러 가지 방법을 생각해 냈고 가축을 이용하는 법, 각종 농기구의 개발, 각종 재배법 등을 개발했다. 이 중에 사람이 직접 일하는 방식을 좀 더 편리하게 바꿀 수 없을까 하고 문제의식을 가진 사람들이 있었다. 이들은 사람의 노동을 기계로 대체하는 공장을 만들고 각종 편의를 위한 가전제품을 보급해 편리한 세상을 만들었다.

이와 동일한 방식으로 컴퓨터, 인터넷, 스마트폰 등도 세상에 등장했으며 이렇게 세상이 발달했음에도 인간의 편의를 더욱 증진하고 기존의 비효율적 시스템을 개선하기 위해 인공지능까지 만들었다.

오래된 이야기를 하나 해 볼까 한다. 다들 예전 우리 부모님들이 쓰던 간장 이름을 기억할 것이다. 그 당시 대부분의 가정집에는 '샘표 간장'이 있었다. 간장은 간장일 뿐이니 회사의 이름 외의 더 이상의 수식어가 붙는 것은 불필요했다. 1990년대에는 간장뿐 아니라 거의 모든 제품의 이름이 이와 유사했다. '○○ 쌀', '○○ 식초', '○○ 밀가루' 이런 식이었다. 그런데 청정원이라는 회사가 등장해 샘표 간장에 도전장을 내밀었다. 기존 간장과 차별화된 맛과 기능도 성공의 이유가 될 수 있으나 당시 모두를 놀라게 했던 것은 간장의 이름이었다. '햇살 담은 조림 간장'. 간장에 감성 수식어를 넣는 것은 새로운 발상이었다.

그 후 네이밍 열풍이 불었고 네이미스트라는 직업에 대한 관심도 증가했다. 그리고 지금 우리는 제품 네이밍을 당연한 것으로 생각하게 되었다. 기존의 간장 시장에 맞서 새로운 브랜드를 개발해야 하는 상황에서 청정원은 감성 네이밍이라는 멋진 방법으로 문제를 해결했다.

문제 해결에 관한 실생활 사례가 너무 많아 어떤 것을 예로 들어야 할지 선택하기 어려울 정도다. 기존에 없던 새로운 것의 탄생은 전부 문제 해결의 결과다. 집에 전단지를 모아 두고 전단지 번호를 보며 음식을 시키던 시절에는 지금과 같은 배달앱은 생각할 수조차 없었으며, 택배가 일상화 되어 택배로 물건을 보내고 받는 시대에서 누군가는 새벽 배송을 생각해 이제는 하루 배송, 새벽 배송이 일상으로 자리 잡았다. 스마트폰으로 사람들이 셀카를 많이 찍자 이를 보조하기 위해 누군가는 셀카봉을 생각했고, 코로나 시국에 모두 마스크를 착용하자 누군가는 그 틈새를 파고 들어 마스크 스트랩을 생각해 냈다. 가정집을 숙소로 대여해 준다는 발상(에어비앤비), 일반 승용차를 택시로 이용할 수 있다는 발상(우버), 누구나 배달을 해 빠른 시간에 음식을 배달하겠다는 발상(배민라이더) 등 글자 그대로 세상의 모든 것이 문제 해결의 결과다.

그렇다면 이렇게 질문해 볼 수 있다. 예나 지금이나 문제 해결은 일관성 있게 중요했던 것 같은데 예전에는 공부를 잘하고 명문대를 나온 학생들이 문제 해결에 능했으나, 지금은 어째서 그렇지 않은가 하는 것이다. 우선 공부를 하는 것이 중요하지 않다는 뜻은 아니니 오해하지 말길 바란다. 학생이라면 반드시 성실하게 책임감을 갖고 공부해야 하지만 오로지 입시를 위한 공부, 좋은 대학 진학을 위한 공부는 아이의 미래에 더 이상 많은 도움이 되지 않는다는 뜻이다. 수학 문제 하나를 더 풀고 학원에 다니며 기계적으로 문제 풀이를 연습하는 것보다 같은 현상을 보고도 남들은 보지 못하는 문제를 발견하고, 이를 해결하는 눈과 태도를 기르는 것이 훨씬 중요하다는 의미다.

예전에는 통했던 입시 위주의 공부, 높은 성적, 대학 레벨이 왜 지금은 문제 해결에 큰 도움이 되지 않는 걸까? 답은 간단하다. 시대가 변했기 때문이다. 예전에도 톡톡 튀는 발상의 전환으로 새로운 것을 창조하는 인재는 필요했으나 그보다 정해진 규칙과 순서에 맞춰 일사천리로 일을 처리하는 능력이 더욱 각광 받던 시대였다. 아직 컴퓨터와 인터넷이 보편화 되지 않은 시대, 여전히 사람의 손으로 처리하는 일이 많고 개인의 개성을 존중하기보다 대중성이 더욱 짙었던 사회, 사회 변화 속도도 그리 빠르지 않던 예측 가능한 시대에서는 매뉴얼을 잘 숙지해 매뉴얼대로 문제없이 일을 처리하고 실수 없이 꼼꼼하게 일을 처리하는 인재가 중요했다. 이 시대에는 정해진 규칙을 잘 따르고 성실하게 공부해 좋은 성적을 받은 학생들이 선호되었다.

그런데 이제는 세상이 바뀌어도 너무 많이 바뀌었다. 게다가 변화 속도는 왜 이렇게 빠른지 한 치 앞도 예측하기 어려워 졌다. 인터넷으로 퍼지는 트렌드 주기는 빠르게 변화하며 세대 간 격차도 예전과 비교할 수 없을 정도로 커졌다. 요즘 기업에서 밀레니얼(MZ) 세대에 대한 별도의 강연이 이루어질 정도다. 이렇게 빠르게 변하고, 세대는 물론 여러 집단 간 격차도 커지는 세상에서 현상을 그때그때 분석하고 발 빠른 대처를 하는 능력이 매우 중요해졌다.

게다가 코로나19와 같은 재난 상황도 무시할 수 없다. 갑자기 닥친 팬데믹에 전 지구가 마비되었다. 수많은 회사가 휘청거렸고 관·공서의 업무가 마비되었으며 자영업자들도 쓰러지기 일보 직전이었다. 어떤 회사, 기업, 개인이 이 문제를 가장 빠르게 효과적으로 해결할 것인가. 문제 해결력이 생사를 판가름하는 절대 능력이 되었다. 이러한 상황에서 위기를 극복하는 데 도움을 주는 문제 해결력을 갖춘 인재가 살아남는 것은 당연한 일이다.

코로나19 같은 상황에서는 단순히 수학 문제를 잘 풀고 영어를 잘 해석하고 교과서 지식을 잘 암기하는 인재보다 평소 사회의 흐름을 면밀히 관찰하고 남이 보지 못하는 문제를 발견하고, 현상에서 통찰을 발견해 이를 해결하는 인재가 훨씬 도움이 되기 때문이다. 지금이야 우리 부모들이 자녀의 문제를 어느 정도 해결해 줄 수 있어 잘 와 닿지 않겠지만 나의 자녀가 성인이 되었을 때는 부모가 자녀의 문제를 해결해 줄 수도 없거니와 오히려 자녀의 도움 없인 부모가 세상에 적응조차 할 수 없을 정도로 세상은 바뀔 것이다.

미래 핵심 역량에서
빠지지 않는 키워드, '문제 해결'

공교육은 문제 해결 능력이 중요하다는 것을 모르는 걸까? 우리 아이가 학교에서 하는 일이란 교과서 내용을 배우고 문제를 푸는 일이 전부일까? 그렇지 않다. 공교육에서도 교과 전반에 걸쳐 문제 해결을 강조한다. 학교에서 근무하면 학생 교육에 대한 지침과 방향, 구체적인 방법을 담은 문서를 수시로 받는다. 교육청 부서별로 중요하게 다루는 영역이 달라 인성교육, 혁신미래교육, 생태전환교육, 인공지능교육, 융합교육, 과학교육, 메이커교육, 영재교육, 정보교육 등 영역이 구분된 형태로 자료가 도착한다. 이 모든 자료는 공통적으로 문제 해결을 강조한다.

언뜻 보기에 문제 해결과 가장 동떨어져 보이는 인성교육 분야의 최근 문서를 예로 들어 보겠다. '2022년 서울인성교육 시행 계획'의 표어는 "협력적 인성으로 미래를 열어 가는 서울 학생"이다. 가장 먼저 눈에 띄는 부분은 인성교육도 미래 사회를 준비하는 방향으로 나아가고 있다는 점이다. 미래 인재 육성을 위한 인성교육 과제로 "존중·배려하면서 소통하는 인성 함양"을 제시하고 있다.

인성 덕목이 필요한 이유는 다름이 아니라 환경·기후변화, 혐오문화 등 사회 공동의 문제 해결을 위해 필요한 덕목이기 때문이라고 말한다. 정리하자면 인성교육에서 강조하는 여러 인성 덕목도 결국은 문제를 해결하기 위해 필요한 덕목이기에 특히 중점을 두어 길러야 한다는 내용이다.

공교육과 결코 빼놓을 수 없는 교육과정에 대해서도 이야기해 보자. 우선 교육과정이 무엇인지 잠시 소개하려 한다. 초등학교 선생님이 되기 위해선 교육 대학교나 일반 대학의 초등교육과를 전공해야 한다. 그 후 임용고사를 치르는데 임용고사에서 다루는 내용 중 엄청난 비중을 차지하는 부분이 교육과정이다. 임용고사에서 좋은 점수를 얻기 위해선 교육과정의 내용을 줄줄이 외워야 한다. 당시에는 도대체 왜 이 어마어마한 양의 문서를 토씨 하나 틀리지 않고 외워야 하는지 이해되지 않았는데 현장에 나와 보니 왜 그렇게 교육과정을 강조했는지 이해가 된다.

우리나라는 국가 교육과정에 의해 공교육이 이루어진다. 국가 교육과정이란 간단히 이야기해 공교육의 방향성을 제시하는 지침 또는 틀이다. 시대 변화에 따라 공교육의 방향도 바뀌어야 하므로 교육과정은 수시로 개정된다. 그간 '2015 개정 교육과정'으로 공교육을 진행하고 있었는데, 2022년 12월 '2022 개정 교육과정'을 확정하고 발표했다.

교육과정에 대해 조금만 더 소개해 보자면, 교육과정에는 총론이 있다. 교육과정 전반을 아우르는 토대가 되는 바탕이라고 생각하면 된다. 총론을 읽으면 해당 교육과정이 어떤 방향성을 갖고 무엇을 중요하게 생각하며 그것을 달성하기 위해 어떤 방법을 제시하는지 잘 이해할 수 있다. 이 총론을 바탕으로 국어, 수학, 사회, 영어 등 다른 과목에서 각 과목의 교육과정을 만든다. 총론을 바탕으로 만들었기에 모든 교과의 방향성과 목표, 목표에 도달하기 위한 방법은 비슷하다.

그렇다면 새로 바뀐 '2022 개정 교육과정'은 어떤 내용을 담고 있을까? 개정 교육과정을 소개하는 교육부 블로그의 보도자료를 보면 가장 먼저 강조된 내용은 미래 변화를 능동적으로 준비하는 역량을 강화하겠다는 것이다. 미래 시대에 맞는 역량을 강화하기 위해 단순 암기 위주의 교육방식에서 벗어나 학생의 삶과 연계한 깊이 있는 학습을 위한 교과 교육과정을 개발하겠다고 밝혔으며 문제 해결 역량이 중요함을 명시적으로 밝히고 있다.

미래 교육에 대해 연구하는 학자들은 미래를 살아가기 위해 꼭 필요한 미래 핵심 역량으로 어떤 것을 강조할까? 학자마다 제시하는 미래 핵심 역량 키워드는 약간씩 차이가 있다. 인공지능이나 빅데이터 등과 관련된 컴퓨팅 사고력, 창의력, 문제 해결 능력, 협업 능력, 소통 능력, 비판적 사고 능력, 자기 조절력, 자기 주도 학습 능력, 평생 학습 역량, 공동체 역량, 분석적 사고 등 그 종류도 다양하다. 그런데 학자마다 조금씩 의견의 차이를 두는 상황에서도 빠지지 않고 등장하는 역량이 의사소통, 창의성, 정보 역량, 공동체 역량, 문제 해결 역량이다.

다른 역량은 다음 장에서 자세히 소개할 것이기에 여기서는 문제 해결 역량에 대해서만 짚고 넘어가려 한다. 문제 해결 역량에 대해서도 학자마다 조금씩 다른 정의를 내리고 있다. 또, 문제 해결 역량을 구성하는 하위 역량도 조금씩 차이를 둔다. 그러나 공통적으로 세 가지를 문제 해결 역량의 하위 역량으로 두고 있는데 그것은 문제를 발견하는 능력, 문제 해결 방법을 계획하고 수립하는 능력, 문제 해결 계획을 직접 실행해 수행하는 능력이다.

이렇게 생각하는 부모가 있을 수 있다. '에이, 문제를 발견하는 건 누구나 하는 거 아냐? 층간 소음, 아파트 분리수거장의 쓰레기, 일회용품 증가… 이런 건 누가 봐도 문제잖아. 그리고 이런 문제를 해결하기 위한 방법은 우리도 알고 있고 또 가정에서 이미 실행하고 있는데.' 하고 말이다.

물론 이렇게 쉽게 찾을 수 있는 문제도 있다. 그러나 미래에서 원하는, 미래를 잘 이끌고 주도하는 인재가 되기 위해서는 남들이 잘 발견하지 못하는 문제를 찾을 수 있어야 한다.

예를 들어 똑같은 리얼리티 프로그램을 보더라도 누군가는 '어머, 결혼하지 않고도 저렇게 아이를 낳아서 기를 수 있구나. 나의 난자로 인공수정을 해서 내 유전자를 가진 아이를 낳아 기를 수 있구나.' 하며 TV를 볼 수 있다. 그러나 누군가는 '만약 저러한 일이 일반화 된다면 어떤 일이 벌어질까? 돈이 있는 사람은 우수한 유전자를 가진 정자와 인공수정을 시도할 것이고 그렇다면 이제는 사람의 생명 또한 자본에 의해 좌지우지 되는 것은 아닐까? 저런 일이 보편화 되는 사회에 윤리적으로 문제가 되는 부분은 없을까?' 하며 보다 비판적 시각으로 상황을 바라보는 것이다. 문제 해결 역량에서 문제를 발견한다는 뜻은 이런 깊은 통찰력을 바탕으로 상황 이면의 것에서 문제를 찾는 것을 의미한다.

문제를 찾았다면 어떻게 해결할지 계획을 세워야 한다. 계획을 세울 때도 많은 과정이 필요하다. 아주 간단한 예로 어떤 학생이 '어린 나이부터 입시 압박에 시달리며 기계처럼 공부만 하는 현재 우리의 삶에는 문제가 있어.'라고 생각했다고 가정해 보자. 이 문제를 어떻게 해결하면 좋을지 고민한 결과 이 학생은 아동 인권에 대한 뮤직비디오를 촬영해 유튜브에 올리겠다는 해결 방안을 생각했다. 그다음 실행을 어떻게 할지 구체적으로 계획을 세워야 하는데 이것이 바로 문제 해결 역량의 두 번째 하위 역량이다.

현재 어떤 콘텐츠가 유튜브에서 인기를 얻고 있는지, 그간 제작된 아동 인권 영상물은 어떤 특징이 있으며 어떻게 차별화하여 제작할 것인지, 영상 촬영과 편집은 어떻게 할 것인지, 각 장면은 몇 초로 구성해 총 몇 분 길이로 제작할 것인지, 보다 효과적으로 메시지를 전하기 위해 영상의 스토리는 어떻게 전개할 것인지 등 세부적인 과정을 구체적으로 계획하는 일이 이 과정에 속하며 이러한 일을 잘할 수 있는 역량이 바로 계획을 수립하는 역량이다.

마지막으로 계획을 실행하는 단계다. 어찌 보면 실행 단계에는 많은 역량이 필요하지 않은 것처럼 보일 수도 있다. 그러나 이 과정 역시 만만치 않다. 계획을 계획으로만 남겨 두지 않고 직접 행동으로 옮기는 실천력, 문제가 한 번에 잘 해결되지 않아도 인내하고 계속 시행착오를 거쳐 완성해 내는 인내력과 책임감, 문제 해결 과정에서 도움이 필요하면 적극 협조를 구하고 다양한 인맥과 자원을 활용하는 적극성 등 이 단계에서도 많은 역량이 요구되기 때문이다.

문제 해결 역량에 대해 정리해 보자. 문제 해결 역량이란 문제를 발견하고, 문제를 해결하기 위해 계획을 수립하고, 그 계획을 직접 실행하는 역량이다. 이러한 역량은 미래 사회에서 매우 중요하게 다루어지며 결코 쉽게 얻어지는 역량이 아니기에 충분히 연습해야 한다. 이는 입시 위주의 공부나 학원을 다닌다고 해서 쉽게 얻을 수 없는 부분이다.

기업도 문제 해결을 잘하는 인재가 좋다

〈유 퀴즈 온 더 블록〉이라는 TV 프로그램이 있다. 다양한 분야에서 활약하는 사람들의 이야기를 들으면 새삼 세상에는 정말 많은 직업이 있다는 것을 깨닫기도 하고 자신의 분야에서 열심히 노력하는 사람들의 모습을 보며 자극과 교훈을 얻기도 한다. 그중 가장 기억에 남았던 구글의 김은주 수석 디자이너 이야기를 해 보고자 한다.

꿈의 직장이라고 불리는 구글에서 일하는 사람은 어떤 사람일까? 구글에서 일하면 어떤 기분이 들까? 구글에서는 사람들이 어떻게 일할까? 궁금한 것이 많았다. 그의 인터뷰를 너무나 감명 깊게 본 나머지 그가 쓴 책도 읽었다. 《생각이 너무 많은 서른 살에게》(메이븐, 2021)라는 책이다.

이 책에는 작가의 개인 이야기가 담겨 있지만 역시나 많은 사람이 궁금해할 구글 이야기도 담겨 있다. 과연 구글에서는 어떤 인재를 선호할까? 그녀는 세계경제포럼에서 발표한 '미래 직업 보고서 2020'을 근거로 전 세계 기업이 가장 선호하는 업무 역량 15가지 중에서도 가장 중요한 것은 문제 해결이며, 구글에서도 문제 해결에 능한 인재를 선호한다고 이야기한다.

또한 회사 면접을 볼 때 어떻게 하면 좋은 인상을 남길 수 있는지 면접에 대한 팁도 전수했는데 문제 해결력을 어필하라고 강조했다. 면접을 볼 때 그 회사가 당면한 문제를 정의하고, 이 문제를 어떤 계획으로 해결할지 로드맵을 제시하면 좋은 인상을 남길 수 있다는 것이다.

실제로 취업을 준비할 때 반드시 기업 분석을 해야 한다. 스왓(SWOT) 분석으로 내가 가고자 하는 기업의 강점과 약점, 기회와 위기를 분석해 보는 것이다. 이를 토대로 자기소개서에 기업의 강점은 어떻게 살리고 약점은 어떻게 보완하면 좋을지, 해당 기업이 당면한 위기는 어떻게 해결하면 좋을지 등을 쓴다.

그런데 평소 문제를 해결해 본 경험이 부족한 학생들은 자기소개서를 쓸 때도 추상적인 해결 방안만 제시한다. 예를 들면 이런 식이다.

'현재 기업은 사회적 기업으로 거듭나기 위해 노력을 기울이고 있습니다. 저 또한 기업의 마케팅 부서에서 일하며 기업을 사회적 기업으로 만드는 데에 최선을 다하겠습니다.'

그러나 문제 해결력을 갖춘 학생은 현재 사회의 흐름을 읽고 시의적절하면서도 기업에 도움을 주는 아래와 같은 구체적인 해결책을 제시할 수 있다.

'현재 ○○ 기업은 사회적 기업으로 거듭나기 위해 노력을 기울이고 있습니다. 우리가 사회적으로 풀어야 하는 문제 중엔 여러 가지가 있으나 저는 그중에서도 성평등 문제에 집중해 보고 싶습니다. 최근 기업이 CEO를 여성으로 교체한 것도 양성평등에 대한 의지를 밝힌 것이라고 생각합니다. 저는 ○○ 기업이 IT를 선도하는 기업으로서 보다 성평등한 기술을 실현할 수 있도록 인공지능 비서의 이름을 남녀 두 가지 버전으로 바꾸고, 목소리 또한 남녀 두 가지 버전으로 바꾸어 보고 싶습니다. 더불어 현재 젊은 여성에만 국한되어 있는 가상 인플루언서의 성별과 연령대도 다양화하고 싶습니다.'

세계경제포럼에서 기업경영자를 대상으로 향후 10년간(2016~2025) 근로자에게 가장 필요한 역량은 무엇인지 설문 조사한 결과, 문제 해결력이 1위를 차지했다고 한다. 원하는 곳에 입사하기 위해서라도 문제 해결력을 꼭 길러야 한다는 것을 알 수 있는 대목이다.

2022년 5월 네이버 클로바(CLOVA)에서 프로젝트 챌린지를 진행했다. 총 상금 2억 원의 공모전으로 인공지능 모델링 개발과 서비스 기획에 대한 챌린지였다. 이 프로젝트에 선발되면 실제 네이버에서 근무하는 실무진과 인공지능 프로젝트를 진행하고 프로젝트를 통해 개발한 아이디어를 네이버 서비스에 적용하며 네이버 입사 시 혜택을 얻을 수 있다.

나는 이 프로젝트의 지원자에게 던지는 질문이 특히 인상적이었다. 프로젝트에 지원하게 된 동기, 어떤 인공지능 서비스를 기획하고 싶은지에 대한 평범한 질문 외에도 문제 해결 경험과 협업 경험을 묻는 문항이 있었기 때문이다. 질문을 소개하자면 다음과 같다.

☑ 본인의 관찰력이나 남다른 관점으로 다른 사람들이 보지 못한 문제를 발견하고 개선한 경험 혹은 창의적인 방식으로 불편함을 해결하거나 개선해 본 경험이 있으면 설명해 주세요. (1,000자 이내, 공백 포함)

☑ 다른 사람들과 협력하여 진행한 활동 및 프로젝트 경험이 있다면 알려주세요. 팀 내에서 자신의 역할을 다하고 목표를 달성하기 위해 어떤 기여를 했는지, 이 경험에서 가장 중요하다고 생각한 점은 무엇이었는지도 설명해 주세요. (1,000자 이내, 공백 포함)

그동안 성적과 시험 위주의 공부만 한 학생들은 이 질문에 어떤 내용을 쓸 수 있을까? 질문은 총 4문항이었고 2문항이 위의 문항이었으므로 두 문항이 차지하는 비중은 매우 크다. 앞으로는 대부분의 입시·채용에서 이러한 형태의 질문이 제시될 것이다. 내 자녀의 미래를 위한 교육 방향이 어디로 향해야 하는지 다시 한번 확인할 수 있다.

최고의 대학은
문제 해결을 수업한다:
미네르바 스쿨

시대가 빠르게 변화하고 4차 산업혁명 시대로 진입하면서 교육을 혁신하려는 움직임이 여기저기서 나타나고 있다. 대학 교육 역시 기존의 강의 중심, 전공 위주의 수업에서 미래형 수업으로 변화하고자 많은 노력을 기울이고 있다. 전 세계 대학에서 미래형 교육을 실현하기 위해 벤치마킹하고 있는 학교는 어디일까? 미래 대학이나 대학 혁신 자료를 검색하면 가장 많이 나오는 학교는 미네르바 스쿨이다.

미네르바 스쿨이 생소한 사람도 많을 것이다. 이 학교는 2011년부터 민간에 투자를 유치해 2014년 처음 입학생을 받았다. 역사가 짧은 학교이지만 미네르바 스쿨이 단기간에 이룬 업적은 놀랍다. 개교한 지 10년도 되지 않은 학교의 졸업생들이 아이리비그 학교의 졸업생보다 사회에서 두각을 나타내고 있으며, 기업이나 학문 연구기관 등에서도 더 좋은 평을 받고 있기 때문이다. 미네르바 스쿨이 점점 입소문을 타자 '미네르바 임팩트'라는 말도 등장했으며 '하버드보다 들어가기 어려운 학교', '세상에 없던 대학'이라는 수식어가 따라붙는다.

하버드대학교의 평균 합격률이 약 5%인 것에 견줘 미네르바 스쿨의 합격률은 평균 1.6%로 알려져 있다. 현재는 아이비리그의 대학이 미네르바 스쿨을 벤치마킹해 다양한 프로그램을 선보일 정도다. 그래서인지 미네르바 스쿨의 인기가 예전만큼 높지는 않지만, 혁신 모델을 선보인 미래형 학교로서 의의가 있다고 본다.

미네르바 스쿨은 어떤 학교이기에 짧은 시간 안에 이토록 많은 성과를 내고 전 세계에서 벤치마킹하고 싶은 대학이 됐을까? 미네르바 스쿨에 관해 연구한 논문들, 인터뷰 자료, 신문 기사 등 이 학교의 비법을 밝힌 자료도 굉장히 많다. 이를 토대로 살펴보면 미네르바 스쿨의 교육 철학과 목표는 명확하다. 학생들에게 미래 핵심 역량을 길러 주는 것이다. 미네르바 스쿨 아시아 총괄 디렉터인 켄 로스는 다음과 같이 인터뷰했다.

"우리 목표는 '아직 존재하지 않는 직업'에도 가장 잘 어울리는 인재를 만드는 것이다."

그는 어떤 미래가 펼쳐지든, 어떠한 새로운 직업이 생겨나든 그 사회에 적응하고 세상을 이끄는 역량을 길러 주는 것이 미네르바 스쿨 교육의 목표라고 밝혔다. 그렇다면 미네르바 스쿨에서 학생들에게 길러 주고자 하는 역량은 무엇일까? 다른 역량에 대해서는 추후 논의하기로 하고 이번 장에서는 문제 해결 역량에 대해 이야기하려 한다. 켄 로스는 '서울포럼 2018'에서 미네르바 스쿨을 설립한 이유를 다음과 같이 밝혔다.

"기업가적 관점에서 대학이 혁신에 나서야 한다. (…) 문제가 있다고 느끼면 달려들어 해결하는 사람들이 기업가다. (…) 미디어나 기업이 원하는 인재 조건은 복잡한 문제를 분석해 창의적인 해결 방안을 내고 효율적으로 다른 사람과 소통하는 것이다."

미네르바 스쿨이 문제 해결 역량을 중요하게 생각한다는 점은 학생을 선발하는 과정에서도 엿볼 수 있다. 미네르바 스쿨은 신입생을 선발할 때 고등학교 성적, SAT(우리나라의 수능 시험과 같은 시험 성적) 등 어떤 표준화된 점수도 요구하지 않는다. 대신 호기심, 끈기, 창의력, 추진력, 혁신, 복잡한 문제 해결 능력이 뛰어난 학생들을 선발한다고 명시해 두고 있다.

이러한 선발 기준을 보니 앞서 이야기한 문제 발견, 해결 계획 수립, 해결 방안 실행이라는 문제 해결 역량의 하위 요소가 떠오르지 않는가. 문제를 발견하기 위해서는 호기심, 창의력, 혁신 등의 덕목이 필요하고 문제 해결 계획을 수립하는 과정에서는 호기심, 혁신, 복잡한 문제 해결 능력이 있어야 한다. 마지막으로 문제 해결 계획을 실행하는 과정에서는 끈기, 추진력 등의 덕목이 필요하다.

그렇다면 어떤 방법으로 이러한 역량을 가진 학생을 뽑을까? 미네르바 스쿨은 자체 시험으로 학생들을 선발한다. 이 시험에서 학생들은 간단한 에세이를 작성한다. 에세이의 주제는 고등학교 1학년 때부터 지금까지 한 모든 일 중 자신이 생각하는 성취 6가지를 적는 것이다. 단, 정확한 수치화가 가능하거나 증인이나 증거물이 확보된 성취여야 한다. 이 에세이를 통해 평소 어떤 것에 가치를 두고 이러한 가치에 기반해 어떤 문제를 해결해 왔으며 문제 해결 과정과 결과는 어땠는지 종합적으로 판단한다.

지금 국내외 많은 대학이 미네르바 스쿨의 사례를 벤치마킹하고 있으며 미래 사회에 맞는 혁신을 하기 위해 변화를 모색하는 중이다. 실제 교육 관계자들과 대화를 나누어 보아도 지금과 같은 수능 중심의 입시는 오래가지 않을 것이라 이야기한다. 이미 미국의 몇몇 대학에서는 학생들을 선발할 때 SAT 점수 대신 대학 고유의 기준으로 전인적 평가를 하여 학생을 선발한다. 앞으로는 입시 위주의 암기식, 주입식 공부는 통하지 않을 것이며, 입시는 학생의 문제 해결 능력을 중심에 두고 이루어질 전망이다. 우리 부모들은 이러한 흐름을 염두에 두고 자녀 교육을 준비해야 할 것이다.

미네르바 스쿨에서는 학생들에게 문제 해결 역량, 미래 역량을 길러 주기 위해 어떤 교육을 할까? 미네르바 스쿨의 가장 큰 특징은 고정된 캠퍼스가 없다는 점이다. 학생들은 한 지역의 정해진 대학 건물에 머무르며 수업을 받지 않고, 4년 동안 미국 샌프란시스코, 대한민국 서울, 인도 하이데라바드, 독일 베를린, 아르헨티나 부에노스아이레스, 영국 런던, 대만 타이베이 등의 도시를 돌며 대학 생활을 한다.

고정된 캠퍼스를 두지 않는 이유는 각 나라에서의 실생활 체험을 극대화하기 위해서다. 고정된 캠퍼스를 이용하면 학생들은 다른 나라 다른 도시에 머무르면서 결국 학교 시설을 이용할 수밖에 없다. 그러나 고정된 캠퍼스를 두지 않고 오로지 학교에서 숙소만 제공해 준다면 학생들은 잠자는 공간을 제외한 도서관, 헬스장, 영화관, 은행, 식당 등의 모든 시설을 현지인이 이용하는 시설을 이용해야 한다. 이러한 경험은 각 나라의 문화와 사람을 생생하게 이해하는 데 도움을 줄 것이다.

미네르바 스쿨 학생들이 공부하는 모습도 좀 더 구체적으로 살펴보자. 학생들은 암기해야 할 지식, 이해해야 하는 이론 등은 인터넷 강의를 이용해 개별로 학습하고 본 수업 시간에는 자신들이 미리 학습해 온 내용을 바탕으로 학생들과 토론하고 질문하며 문제를 발견하고 이에 대한 해결책을 마련하는 활동을 한다. 수업은 100% 온라인으로 진행한다. 그러나 온라인 수업만 있는 것은 아니다. 학생들은 현장 실습 수업도 병행하는데 이를 통해 각 나라의 기업, 공공기관, 연구기관 등과 프로젝트를 진행하며 실생활 문제 해결 경험을 한다.

미네르바 스쿨 학생들은 한국에서 네이버와 협업해 여행자에게 도움이 되는 모바일 앱을 만드는 프로젝트를 진행했고 이 앱은 실제 평창 동계올림픽 기간 동안 서비스를 제공했다. 학생들은 우리나라의 카카오, SK 엔카닷컴과 프로젝트를 진행하기도 했고, 방학 때는 구글, 아마존, 우버, 에어비앤비 등의 기업에서 인턴십을 경험한다.

이 사례를 두고 미국의 경제 전문 잡지인 《포브스(Forbes)》는 미네르바 스쿨을 "세상에서 가장 흥미롭고 중요한 고등교육기관" 이라고 평가했고, 미네르바 스쿨 학생들이 직접 프로젝트를 진행하고 인턴십을 경험했던 기업에선 "학생들을 지금 바로 회사에 투입해 업무를 맡겨도 좋을 정도로 역량이 뛰어나다."고 전했다.

미네르바 스쿨의 교육 방향은 학생들의 마지막 졸업 프로젝트에서도 알 수 있다. 미네르바 스쿨은 보통 대학과 달리 학생들이 1학년 때부터 전공을 선택하지 않는다. 1학년 때에는 효과적인 의사소통, 비판적 사고 등 미래 핵심 역량을 기르는 수업을 듣고, 2학년 때에는 예술, 인문, 컴퓨터 과학, 자연과학, 사회과학, 경영 등 다양한 전공을 두루 공부한다. 2학년 말이 되면 전공 선택을 하며, 3학년부터 자신의 전공을 살려 캡스톤 프로젝트(Capstone Project)를 준비한다.

캡스톤 프로젝트는 최근 국내 대학에서도 많이 채택하고 있다. 일반적으로 대학을 졸업하거나 석사 학위를 취득할 때 논문을 제출해야 한다. 그러나 캡스톤 프로젝트는 자신이 연구한 분야가 반드시 논문의 형태일 필요가 없으며 다양한 산출물로 결과를 낼 수 있다.

미네르바 스쿨에서는 3학년 때부터 본격적으로 캡스톤 프로젝트를 준비한다. 전 세계를 돌며 해결해야 할 문제라고 느꼈던 점을 기반으로 프로젝트 주제를 선정하고, 자신이 그동안 대학에서 배웠던 내용과 기업에서 프로젝트를 진행하며 경험했던 과정, 자신의 전공을 총 망라해서 문제 해결책을 제시하고 해결하는 것이다. 4학년이 되면 졸업을 앞둔 학생들은 캡스톤 프로젝트 결과를 발표하며 대학 생활을 마친다. 이렇게 학부 시절 내내 문제 해결 역량을 훈련하다 보니 학부생 때부터 구글, 트위터, 소프트뱅크 등 글로벌 기업에서 러브콜을 받는다.

최고의 대학은
문제 해결을 수업한다:
스탠퍼드대학교 D스쿨

평생교육이라는 말이 더 없이 실감 나는 요즘이다. 빠르게 변화하는 사회에 적응하고 시시각각 출시되는 각종 기술과 서비스를 이용하기 위해서는 그때그때 배워야 할 것이 많다. 미래를 준비하는 학생들은 물론이고 노년층도 배움을 게을리 하지 않는다. 유튜브로 영상 보는 법, 카카오톡 사용하는 법, 친구에게 기프티콘 선물하는 법, 스트리밍 앱으로 트로트 듣는 법 등 노인을 위해 개설된 강좌들이 인기다.

현업에서 뛰고 있는 사회인들은 직무와 관련된 분야의 전문성을 쌓고 싶어 MBA(경영학 석사)나 석·박사 과정에 지원하는 경우가 많다. 그런데 이 중에서도 최근 유독 눈에 띄는 학교가 있다. 스탠포드대학교의 D스쿨이다. 아마존, 구글, 마이크로소프트 등 이름만 대면 누구나 알 만한 기업에서 일하는 사람들이 무엇을 더 배우기 위해 D스쿨을 찾을까? 실리콘밸리는 D스쿨 동문이라면 취업 시 가산점을 주고, 특별 채용을 해서라도 데려가겠다고 할 정도로 D스쿨에 열광한다. 결론부터 이야기하면 D스쿨은 디자인 싱킹(Design Thinking)을 공부한다.

위키백과에 따르면 디자인 싱킹은 디자인 과정에서 디자이너 가 활용하는 창의적인 전략으로, 원래 디자인 분야에서 사용되던 방식이었다. 우리가 지금 흔하게 사용하는 모든 것, 예를 들면 마 우스, 키보드, 가위, 스마트폰, 두루마리 휴지 등 이 세상 모든 것 의 디자인은 디자이너의 창의적인 생각 덕에 탄생했다. 우리야 태 어났을 때부터 두루마리 휴지가 지금의 모양이었으니 그러려니 하지만 누군가가 맨 처음 두루마리 휴지의 모양을 생각하기까지 얼마나 많은 창의적인 생각이 필요했겠는가.

디자인 싱킹 하면 빼놓을 수 없는 인물이 패트리샤 무어다. 그 녀는 노인을 위한 디자인을 하기 위해 80대 분장을 하고 3년간 노 인으로 살아갔다. 당시 그녀는 20대였다. 안경을 뿌옇게 칠해 앞 이 잘 보이지 않게 하고 솜으로 귀를 막아 잘 들리지 않게 하고 다 리에 장치를 달아 거동을 불편하게 했다. 이렇게 직접 노인으로 살아 보며 다양한 문제를 발견했고 그녀는 노인을 위한 각종 디자인을 탄생시켰다. 출입구 계단을 없앤 저상버스, 손만 대면 자동으로 물이 나오는 수도꼭지, 소리 나는 주전자 등이 대표 작품이다. 이러한 저상버스, 수도꼭지, 주전자 등은 디자인이기도 하지만 동시에 문제 해결이기도 하다.

노인들이 버스를 탈 때 쉽게 오르내리기 힘들다는 문제, 손의 힘이 약한 어르신들이 수도꼭지를 열고 닫기가 어렵다는 문제, 청력이 좋지 않은 어르신들이 물 끓는 소리를 잘 듣지 못한다는 생활 속 문제를 발견하고 해결책을 제시했기 때문이다.

이런 점에서 문제 해결을 중요하게 다루는 기업이 디자인 싱킹을 도입한 배경이 잘 이해가 된다. 애플, 구글 같은 기업은 함께 일하는 사람들에게 남들과 다르게 혁신적인 사고를 하라고 강조하는데 그 방법을 디자인 싱킹에서 찾는다고 밝혔다. 에어비앤비(Airbnb)가 디자인 싱킹 과정으로 설립됐다는 이야기 또한 유명하다.

디자인 싱킹이 문제를 해결하는 유용한 방법론으로 급부상하다 보니 이를 교육에 도입하려는 움직임도 커졌다. 노스캐롤라이나 주립대학교 교수이자 《학교를 위한 디자인 싱킹》의 공동저자인 메러디스 데이비스와 데보라 리틀존은 디자인 싱킹이 단순히 문제 해결 능력뿐 아니라 끊임없이 변화하고 불확실한 환경에 대비하는 미래 역량을 발전시키기에도 매우 적합한 교육 방법이라고 이야기한다.

두 학자 이외에도 전 세계의 많은 학자가 디자인 싱킹 기반의 문제 해결을 중심으로 한 미래 교육 모델 제시에 동의하고 있다. 특히 스탠퍼드대학교 교수인 샐리골드만이 대표 학자인데 그를 비롯한 전 세계 최고 수준의 전문가가 모여 미래 교육을 연구하는 곳이 스탠퍼드 D스쿨이다. 전 세계의 석학이 모여 학교 교육에 적용하는 디자인 싱킹 기반의 문제 해결 방법을 연구하는 교육 기관이라고 볼 수 있겠다. 물론 D스쿨에서는 학생들을 대상으로 수업을 한다. 이곳에서 수업을 하는 티나 실리그는 창의성과 혁신에 대한 교육과정을 가르친다고 밝혔다.

디자인 싱킹 기반의 문제 해결이란 무엇일까? 스탠퍼드 D스쿨에서 제시한 디자인 싱킹의 절차는 '공감→문제 정의→아이디어 도출→프로토 타입→테스트'다. 디자인 싱킹의 대표 사례인 '어린이를 위한 MRI 디자인'으로 각 과정을 설명해 보려 한다.

GE헬스케어 수석 디자이너 더크 디츠는 MRI를 개발했다. 그는 자신이 개발한 MRI가 잘 작동하는지 확인하기 위해 병원에 방문했는데 예상치 못한 상황을 맞닥뜨렸다. 어린 환자가 MRI의 겉모습을 보고 겁에 질려 펑펑 우는 모습을 본 것이다. 더그 디츠는 MRI를 무서워하는 아이들은 결국 마취를 한 뒤 검사를 받는다는 사실을 알게 되었다.

이 문제를 해결하기 위해 더그는 스탠포드 D스쿨의 임원 교육 연수를 받고 디자인 싱킹 절차에 따라 문제를 해결했다. 첫 번째 단계인 '공감'으로 더그 디츠는 MRI 검사를 앞둔 아이들의 정서와 심리 상태를 자세히 파악했다. 공감 단계를 통해 더그는 아이들이 MRI 기계 소리와 외관을 특히 두려워한다는 점을 발견했다. 이에 따라 '소리와 외관의 문제를 어떻게 해결하여 아이들이 무서워하지 않고 검사를 받게 할 것인가.'라는 문제를 정의했다.

'아이디어 창출'은 앞서 정의한 문제를 해결하기 위해 다양한 아이디어를 생각하는 단계다. 즉, 비용은 최소화하면서 효과를 극대화하는 양질의 아이디어를 생각하는 단계이다. 더그는 이 단계를 통해 MRI의 겉면에 색을 칠하고 스티커를 붙여 MRI를 해적선처럼 바꾸면 어떨까 하는 생각을 했다.

그다음 단계인 '프로토 타입 제작'을 통해 더그 디츠는 다양한 버전의 해적선 디자인을 설계했다. 그리고 마지막 '테스트' 단계를 통해 실제 아이들의 반응을 확인했고 해적선 디자인의 MRI는 어린 환자에게 보다 긍정적인 이미지로 다가갈 수 있었다. 이를 통해 실제 많은 어린 환자들이 수월하게 MRI 검사를 받게 되었다.

이렇게 실생활 문제를 발견하고 문제와 관련된 사용자와 관계자 입장에서 겪는 불편함에 충분히 공감한 뒤 다양한 아이디어와 시행착오를 거쳐 문제를 해결하는 것이 디자인 싱킹의 절차다.

최근 한양대에서 문제 해결형 디자인 싱킹 창업 강좌를 신설하는 등 스탠포드 D스쿨의 디자인 싱킹을 도입하려는 국내 교육기관도 많아졌고, 초·중·고등학생을 대상으로 한 디자인 싱킹 공모전도 인기다. '삼성 투모로우솔루션' 공모전에서 최우수상을 받았던 '잔반 프로젝트팀'의 '무지개 식판'도 디자인 싱킹을 논할 때 빠지지 않고 등장하는 사례다. 학교 급식 잔반 해결이라는 문제를 디자인 싱킹 절차를 거쳐 해결해 무지개 식판을 탄생시켰다. 현재 이 식판은 실제 학교 급식실에서 사용된다고 한다.

삼성전자에서 개최하는 '삼성 주니어 SW 창작대회' 역시 실생활 문제를 소프트웨어를 활용해 해결하도록 하는 공모전으로 참가자들은 디자인 싱킹 교육을 받고 이에 기반해 공모전 작품을 완성했다. 수상작들을 살펴보면 실생활에서 문제를 발견하고 사용자의 불편에 적극 공감한 뒤 이에 대한 창의적이고 실질적인 해결책을 제시했다는 공통점이 있다.

문제 해결이 앞으로의 자녀 교육에서 중요하다는 것에는 공감했는데 그 방법을 잘 몰랐다면 디자인 싱킹에서 해답을 찾아보아도 좋을 것이다. 아울러 위에서 언급한 디자인 싱킹 기반의 문제 해결 공모전에 도전해 보는 것도 좋은 경험이 될 것이다.

문제 해결과 융합교육,
너와 나의 연결 고리

아이 교육에 관심 있는 부모라면 융합교육이라는 말을 한 번쯤 들어봤을 것이다. 융합교육은 STEAM 교육이라는 말로도 알려져 있다. STEAM 교육이란 과학(Science), 기술(Technology), 공학(Engineering), 인문·예술(Arts), 수학(Mathmatics)의 첫 글자를 합하여 만든 용어다. 이렇게 다양한 분야의 학문을 연결 지어 교육하는 것이 STEAM 교육, 융합교육이다. 이 교육은 지금도 여전히 중요하게 다뤄지고 있으며 앞으로도 그 인기는 식지 않을 전망이다.

그런데 이렇게 다양한 분야를 연결하여 생각하는 융합적 사고,

융합교육이 머리로는 중요하다는 것을 알겠는데 막상 크게 와닿지 않는 경우가 많다. 다양한 분야를 연결하여 공부한다는 것은 구체적으로 어떤 방식인지 그리고 우리 아이들에게 융합교육을 어떻게 시켜야 하는지 감이 잘 오지 않는다. 이때 문제 해결과 융합교육을 연결하여 생각하면 쉽게 이해할 수 있을 것이다.

간단한 예로 제과 제빵을 전공한 사람이 있다고 생각해 보자. 그동안 갈고닦은 실력을 바탕으로 가게를 열려고 한다. 그러나 지역에는 이미 베이커리 카페와 빵집이 즐비하다. 이 틈을 비집고 들어가 어떻게 하면 수익을 낼 수 있을까? 만약 당신의 일이라면 이 문제를 어떻게 해결하겠는가?

이 문제를 해결하기 위해서는 다양한 분야의 지식을 총동원해야 하며 여러 분야를 아울러 융합한 창의적 아이디어가 필요하다. 우선 위 사례의 경우 독특한 메뉴 개발로 승부수를 띄울 수 있을 것이다. 그러나 독특한 메뉴가 하늘에서 갑자기 떨어지진 않는다. 새로운 메뉴를 개발하는 데도 다양한 분야를 융합한 창의적 사고가 필요하다.

예를 들어 학창 시절 국어 시간에 배웠던 〈봄 비〉라는 시를 떠올려 보자. 빗방울이 동심원을 그리며 호수에 떨어지는 모습을 남녀가 동그란 원을 그리며 왈츠를 추는 모습에 비유한 그 시 말이다. 여기서 영감을 얻어 아주 얇은 원을 겹겹이 두른 색다른 케이크를 디자인을 해 보는 것이다. 물론 아이디어를 실제로 구현하는 과정에서 제과 제빵 관련 지식이 필요하다. 시행착오를 거쳐 완성된 케이크에는 '봄의 왈츠'라는 서정적인 이름을 더한다.

멋진 스토리와 이름까지 더한 케이크를 돋보이게 하기 위해선 홍보를 해야 한다. 오프라인 매장과 온라인 상점의 홍보 전략은 어떻게 할 것인지 마케팅 전략도 알아야 하고, 힘들게 만든 케이크가 재고로 남지 않게 하려면 어떻게 적절한 수요를 예측하고 그에 맞는 적절한 공급을 해야 하는지 등 수학적 지식도 필요하다. 이 밖에 고객의 구매 행위를 늘리기 위해 행동심리학 등을 공부하는 등 간단한 예시를 통해서도 문제 해결에는 다양한 분야가 동원된다는 사실을 알 수 있다. 또한 언뜻 전혀 상관없어 보이는 국어 교과서의 동시, 봄비라는 자연 현상에서 새로운 케이크 디자인을 떠올릴 수 있다는 점도 알 수 있다.

실제로 자연 현상에서 영감을 받아 이를 새롭게 창조한 사례가 많다. 그중에서도 벨크로의 탄생 스토리는 너무도 유명하다. 스위스 전기 기술자 조르주 드 메스트랄은 사냥개를 뒤쫓아 달리다가 우연히 산우엉이 우거진 숲으로 뛰어들었는데 옷에 잔뜩 붙은 산우엉의 씨가 아무리 털어도 잘 털어지지 않아 호기심이 생겼다. 이 씨를 집으로 가져와 확대경으로 관찰해 보니 산우엉의 씨가 갈고리 모양이라는 것을 알게 되었고, 이에 영감을 받아 한쪽에는 갈고리가 있고 다른 쪽에는 실로 된 작은 고리가 있는 벨크로를 만들었다.

그런가 하면 책에서도 여러 사례를 찾아볼 수 있다. 《인지니어스》(티나 실리그, 김소희 옮김, 리더스북, 2017)에서는 전 세계에 융합 교육의 바람을 일으킨 스티브 잡스가 인문학과 그림에서 영감을 받아 이를 전혀 상관없어 보이는 기술 분야에 도입해 창의적인 해결책을 탄생시켰다고 그 비법을 밝혔다. 전 세계인이 사용하는 트위터 또한 다양한 분야의 아이디어를 모아 혁신을 일으킨 회사로 유명한데 실제 트위터에서 일하는 직원들의 이력을 살펴보면 전직 록스타, 퍼즐 챔피언, 프로마술사 등이 있다고 한다. 트위터의 조직문화 책임자로 있는 엘리자베스 웨일은 서로 다른 것의 관심사와 연결망이 촘촘하게 이어질 때 새로운 아이디어를 떠올린다고 이야기한다. 그는 융합적 사고로 혁신적 아이디어를 만든 살아 있는 예로 정상급 마라토너이자 프로 디자이너이며 벤처 자본가이기도 했다.

이렇게 전혀 관련성이 없는 것을 연결하고 창의적인 문제 해결 방안을 생각하는 것이 중요하다 보니 문제 해결과 융합적 사고는 떼려야 뗄 수 없는 사이가 되었다. 앞서 언급했던 미네르바 스쿨에서도 2학년 때까지는 문학, 역사, 철학, 코딩, 물리학, 화학 등 모든 분야의 학문을 다양하게 배우고 3학년이 돼서야 세부 전공을 정한다. 미네르바 스쿨에서 이러한 커리큘럼을 운영하는 이유도 다시 한번 확인할 수 있다. 융합적 사고와 문제 해결은 서로 긴밀한 관련이 있기 때문이다.

미네르바 스쿨의 로스 총괄 이사는 한 분야의 교육을 지속해서 받으면 그 틀에 갇힌 사고만 하게 되고 이것이 습관적으로 굳어져 창의적 사고를 하기 어렵게 된다고 했다. 따라서 단일한 영역을 학습하기보다 다양한 분야를 학습하는 융합교육을 중요하게 여겼으며 여러 학습 공간에서 학습하는 것 또한 창의적 사고에 도움이 된다고 했다. 그리고 한 사람에게 배우는 것보다 다양한 채널을 통해 배우는 것이 융합적 사고에 도움이 된다고 밝혔다.

5장

공헌하라

새로운 웰빙이 온다

　자녀의 미래를 대비하는 데 문제 해결이 중요하다는 것은 이제 충분히 이해하고 공감했으리라 생각한다. 그런데 여기서 한 가지 주목해야 할 사실이 있다. '어떤 문제를 해결할 것인가.' 하는 점이다. 문제 해결이 아무리 중요하다고 한들 오로지 나의 이익, 나의 안위와 관련된 문제만 해결해서는 곤란하다. 그렇다면 우리 아이들은 앞으로 어떤 종류의 문제를 해결해야 하는 걸까? 문제 해결의 방향을 이해하는 것은 무척 중요하다.

　지금 정치, 사회, 교육을 막론하고 가장 큰 이슈는 웰빙이다. '웰빙은 이제 한물간 거 아냐?' 하고 생각하는 사람이 있을 것이다.

내가 어렸을 때 웰빙 열풍이 강하게 불었었다. 한참 먹고살기 바쁘고 경제 성장을 하기에 바빴던 우리나라가 어느 정도 안정권에 진입하자 사람들이 이제 단순히 먹고사는 삶이 아닌 행복한 삶에 대해 생각하게 된 것이다.

그런데 지금 시대의 웰빙은 그때의 웰빙과 다르다. 지금의 웰빙은 나 혼자 잘 먹고 행복하게 사는 삶을 넘어 전 지구인이 잘 먹고 행복하게 사는 삶을 추구한다. 미래를 살기 위해서는 나, 나의 주변, 우리나라의 관점을 넘어 세계적, 전 지구적 관점을 가져야 한다. 지구촌 웰빙이 화두가 된 이유는 현재 지구에 닥친 여러 문제 때문이다. 전 세계가 각국의 이익을 추구하고 성장에 박차를 가하는 동안 지구는 회복이 불가능할 정도로 병들고 기후 변화, 자원 고갈, 전쟁, 테러 등 각종 심각한 문제가 만연하게 되었다. 당장 지금 우리가 겪고 있는 코로나19만 해도 그렇다. 코로나19를 시작으로 앞으로 전 지구적 재난이 계속되리라는 전망이 우세하다. 이러한 상황에서 전 세계는 지구를 살기 좋은 곳으로 되돌려야 한다는 강력한 메시지에 합의했다. 그렇다 보니 자연스레 예측 불가능한 각종 환경문제, 사회문제에 대처하고 이를 해결할 수 있는 인재들을 원하게 되었다.

실제 교육계에서 제시하는 미래 학생의 모습도 이러한 역량을 가진 학생들이다. 전 세계의 교육 정책은 OECD의 영향을 많이 받는다. OECD에서는 앞으로의 변화를 예측하고 이에 대비하는 인재를 기르는 데 도움을 주고자 교육 방향을 제시한다. 전작《한 발 앞선 부모는 인공지능을 공부한다》에서 이에 대한 내용을 자세히 설명한 바 있으나 다시 한번 간략히 설명하고자 한다.

4차 산업사회, 미래 사회에 진입하면서 OECD는 이에 대비한 교육 방향을 2006년 '데세코 프로젝트(DeSeCo Project)'에서 본격적으로 제시했다. 데세코 프로젝트를 통해 지금은 너무도 익숙한 핵심 역량이라는 용어가 교육에 적극 도입되었는데 그전까지 교육에서 핵심 역량이라는 용어는 매우 생소했다. 당시 데세코 프로젝트에서는 핵심 역량 교육을 강조했다. 미래로 나아갈 아이들에게 필요한 것은 지식보다 역량이라는 것이다.

만약 당신이 회사의 사장이나 인사 담당자 혹은 본인이 운영하는 사업장의 대표라고 생각해 보자. 사원이나 아르바이트생을 채용할 때 어떤 사람을 뽑고 싶은가? 예전에는 확실히 이력서의 스펙이 화려한 친구들을 선호했다. 명문대를 다니고 학점도 좋고 영어도 잘하는 학생이 왠지 똑소리 나게 업무도 잘하고 예의도 있고 믿을 만하다고 생각했다. 그런데 막상 일을 시켜 보면 꼭 그렇지도 않았다. 실제 업무에서 필요한 기술, 돌발 상황에서의 대처 능력, 사회성, 의사소통 능력 등이 지식과 반드시 비례하지 않는다는 것이 드러났기 때문이다.

사람을 고용하는 입장에선 빨리 현장에 투입할 수 있는 인재가 필요하다. 단순히 전 교과 지식이 우수한 학생보다 실제 업무를

행할 능력을 지닌 인재를 선호하는 것이다. 게다가 앞으로의 세상은 변화 속도가 그야말로 눈 깜짝할 사이에 이루어지기 때문에 내가 열심히 암기하고 이해하고 훈련했던 지식은 순식간에 의미가 없어지게 된다.

상황이 이렇다 보니 이제는 그때그때 달라지는 지식을 빠르게 배우고 이해하고 업무에 응용할 수 있는 능력, 정보를 검색하고 활용하는 능력, 고객이나 업체 관계자와 원활한 의사소통을 할 수 있는 능력, 동료와 긍정적 관계를 맺을 수 있는 사회성 등을 가진 사람들을 선호하게 된 것이다. 기존에는 이러한 역량을 중시하는 태도가 기업에서 두드러졌는데, OECD는 이러한 역량 개발을 학교 교육에서도 강조해야 한다고 이야기하며 역량 중심의 교육을 강조했다.

OECD는 데세코 프로젝트에 이어 2018년 전 세계 교육에 영향을 줄 또 한 번의 중대한 발표를 했다. 'OECD 에듀케이션 2030(OECD Education 2030)'이다. OECD의 새로운 발표는 데세코 프로젝트와 무엇이 다를까? 이 차이점이 우리가 집중해서 봐야 할 부분이다. OECD는 기존의 데세코 프로젝트가 개인의 역량 개발에만 초점을 뒀다는 점을 한계로 지적한다. 그리고 지금의 세대가 훗날 살아갈 2030년은 전 지구적 관점을 가지고 전 세계인의 행복을 위해 사고하는 것이 중요하다고 말하며 데세코 프로젝트에서 강조한 역량의 범위를 넓힌다. 이렇게 전 지구인이 함께 잘 먹고 행복하게 사는 것을 '지구촌 웰빙'이라 일컫는다.

요즘 사람들은 환경, 사회문제에 관심이 많다. 가격이 더 비싸더라도 친환경 제품을 소비하는 사람들이 늘고, 진짜 환경을 생각하는 기업인지 환경을 생각하는 척하는 기업인지 치밀하게 밝혀내 그들을 시장에서 퇴출 시키기도 한다. 앞으로는 가치 있는 소비가 당연한 것으로 자리 잡고 점차 일반화 할 것이다.

따라서 미래의 세상은 환경과 사회, 지구를 생각하는 새로운 웰빙이 보편화 하는 시대임을 인식하고 이러한 가치에 초점을 두어 문제를 해결하는 태도를 가져야 할 것이다. 플라스틱 용기를 줄이기 위해 용기를 없애고 비누 형태로 샴푸를 만든 샴푸바, 버려진 커피 원두 봉투로 제작된 필통 등 사회와 환경을 생각하는 문제 해결은 이미 시작되었다. 앞으로는 이윤을 추구하든 재미와 즐거움을 추구하든 무엇을 하든 환경과 사회를 생각해야 하는 시대가 될 것이다. 그러니 문제 해결 역량은 사회와 환경을 고려해 키워야 한다.

지금 우리 학교는, 웰빙

우리나라의 공교육은 어떨까? OECD에서 강조한 방향을 우리 나라의 교육도 잘 따라가고 있을까? 정답은 '그렇다'이다. 환경과 사회를 고려하는 '지속가능개발' 교육은 2007년부터 공교육에 반 영되었다. 그러나 실제 학교 현장에서 중요하게 다뤄지지 않은 것 이 현실이다. 창의적 체험 활동 시간을 이용해 일회적으로 잠깐 이루어지거나 영상 시청 등의 간접 방식의 교육이 주를 이뤘으니 말이다.

하지만 이제는 아무리 역량을 갖춘 개인과 기업이라도 사회, 환 경을 외면해서 살아남기가 힘들어지자 공교육에서도 이에 대한 역량을 적극적으로 강조하기 시작했다. 우리나라 공교육이 어느 방향을 향하는지 알고 싶다면 국가 교육과정을 자세히 살펴보면 된다. 특히 교육과정이 개정될 때는 앞으로의 사회 변화, 미래를 염두에 두고 그에 맞는 인재를 육성하기 위해 내용을 새롭게 수정하기 때문에 기존 교육과정과의 차이점을 확인하는 것이 무엇보다 중요하다.

OECD가 데세코 프로젝트를 발표하며 핵심 역량을 강조함에 따라 우리나라 공교육에서도 '2009년 개정 교육과정'에서 역량 중심 교육을 강조하기 시작했다. 이후 '2015년 개정 교육과정'에서는 기존의 역량 중심 교육에 융합교육을 더하여 융합적으로 사고하고 문제를 해결하는 인재 양성에 초점을 두었다. 그리고 앞으로는 '2022년 개정 교육과정'에 따라 교육이 이루어질 전망이다. 2022년 개정 교육과정은 미래 변화를 능동적으로 준비하는 역량을 강조하겠다고 밝혔다. 이에 대한 하위 항목으로 지속 가능한 미래를 위한 공동체 역량 강화, 환경·생태 교육 확대를 뒀다.

'어차피 대학에서 학생 선발은 수능으로 이루어질 것이고 수능 시험엔 저러한 문항이 나오지도 않는데 국어, 영어, 수학만 잘하면 되지.' 하며 여전히 교과 공부만 집중하겠다는 부모가 있을지도 모른다. 당장 내 자녀가 고등학생이고 입시가 급하다면 그 상황도 이해한다. 그러나 현재 사회가 추구하는 인재의 모습, 미래를 주도하기 위해 학생에게 필요한 역량이 무엇인지 꼭 기억해 주었으면 한다. 자녀 교육의 목적이 입시의 성공, 취업 성공, 공모전·인턴십 등 스펙 쌓기 등으로 환원될 수는 없지만 이러한 목표를 이루기 위해서라도 앞으로의 사회가 요구하는 미래상을 이해하는 것은 여러모로 유리할 것이다.

만약 현재 초등학생 자녀를 둔 부모라면 미래가 요구하는 인재상, 학생들에게 원하는 역량을 이해하고 지금부터 준비해야 한다. 앞으로는 정형화된 점수로 학생이나 사원을 선발하는 입시와 채용 제도는 변화할 것이다. 개인적으로 친분이 있는 명문대 입학처장조차 앞으로는 수능 위주의 입시 제도는 점차 사라질 것이라 이야기한다. 전 세계 교육의 흐름과 마찬가지로 지금 우리 학교의 교육 또한 웰빙을 추구하고 있다. 좁게는 입시, 넓게는 미래 사회를 주도해 나갈 인재로 활약하기 위해 지금부터라도 환경과 사회에 공헌할 역량을 길러 나가야 한다.

'IB PYP'라고
들어는 봤나?

나는 초등학교 교사이자 여섯 살 아들의 엄마이기도 하다. 아이가 어릴 때야 그저 잘 먹고 잘 놀고 건강히 자라기만을 바라며 교육이랄 것을 딱히 시키지 않았지만 유치원을 다니기 시작하고 초등학교 입학까지 시간이 얼마 남지 않다 보니 내 아이 교육에 대해서도 관심을 기울이게 되었다. 평소 미래 역량 교육에 관심이 있어 나의 자녀가 이러한 교육을 잘 받았으면 하는 마음으로 정보도 적극적으로 찾았다. 그중 관심을 사로잡는 것이 있었으니 'IB PYP'다.

IB는 인터내셔널 바칼로레아(International Baccalaureate)의 약

자다. 모든 학교는 국가 교육과정이나 미국의 경우 각 주에서 시행하는 주 교육과정과 같이 공인된 교육과정을 바탕으로 교육을 한다. IB 교육과정은 이러한 교육과정의 한 종류로 이는 어느 한 나라를 위한 교육과정이 아니라 전 세계를 대상으로 하는 교육과정이라는 점에서 차이가 있다. IB 교육과정은 어떤 내용을 담고 있기에 나의 관심을 사로잡은 것일까?

IB 교육과정은 스위스에 있는 IBO 기관에서 개발·관리한다. 문제 해결, 사회 공헌, 글로벌 시민 의식을 중요하게 여기며 '서로 다른 문화 간 이해와 존중을 바탕으로 공정하고 평화로운 세계 구현에 기여하는 탐구적이고, 지적이며, 배려할 줄 아는 인재 양성'을 목적으로 한다.

IB 교육과정은 나의 개인적인 관심을 넘어 최근 교육계에서도 뜨겁게 다루는 주제다. 우리나라는 경기외국어고등학교의 국제반(IB반)이 IB 교육과정을 학교 교육과정에 최초로 도입하였으며 충남 삼성고와 대구·제주도 교육청이 공교육에 IB 교육과정을 도입했다. 경기도 교육청 역시 새로운 교육감이 취임함에 따라 IB 교육을 공교육에 적극 도입하겠다고 밝혔다.

원래 IB 교육과정은 국제학교나 외국인학교에서만 도입할 수 있었다. 그 외의 IB 교육과정을 운영하고자 하는 학교는 IBO에 신청한 뒤 후보 학교로서 3~5년 정도 검증을 거쳐야 한다. 검증을 통과하면 그제야 IB 월드 스쿨(IB World School)이라는 명칭을 사용할 수 있고 IB 교육과정을 운영할 수 있으며 3~5년마다 다시 검증 받아야 한다.

우리나라는 현재 초등, 중등, 고등학교를 통틀어 20개의 학교가 IB 학교로 인증 받았는데 이 중 국제학교와 외국인학교를 제외한 일반 학교 중 IB 학교로 인증 받은 곳은 6개교이다. 6개 학교 중 초등학교는 두 곳으로 경북대학교 사범대학 부설 초등학교와 대구삼영초등학교가 있다. IB 학교로 인증 받은 학교는 국내 학교의 전 입학이나 편입학도 가능하다.

IB 교육과정은 유·초등, 중·고등 과정이 있는데 유·초등에 해당하는 과정이 PYP(Primary Years Programme), 중학교에 해당하는 과정이 MYP(Middle Years Programme), 고등학교에 해당하는 과정이 DP(Diploma Programme)이다. 초등, 중등의 경우는 큰 문제가 없지만 고등학교에서 IB 교육과정으로 공부를 한 학생의 경우 입시를 어떻게 치를지 궁금하다. 결론부터 말하자면 이 학생들은 수능 시험으로 평가되지 않는다.

IB 인증학교에서 공부한 학생들은 우리나라의 수능 시험에 해당하는 파이널 시험(Final Exam)을 보고 학종 전형으로 대학에 입학한다. 그렇다면 대학에서 이렇게 IB 교육과정에서 공부한 학생들의 학업을 인정하며 이들을 선발할까? 최근 서울대학교를 중심으로 고려대학교, 서강대학교, 이화여자대학교 등 상위 대학교 입학팀이 IB 교육과정에 많은 관심을 갖고 있다. 실제 IB 교육과정으로 공부한 경기외국어고등학교 학생들이 서울대 학종 전형에 지원해 합격한 사례도 있다.

물론 IB 교육과정에 대한 걱정의 시선도 있다. IB 교육과정의 파이널 시험과 수능이라는 전혀 다른 시험을 친 학생들을 무슨 기준으로 동일하게 평가하여 대입 결과에 반영할 것인가 하는 문제다. 또한 IB 교육을 도입하는 기관이 국제학교, 외고 등 사립학교가 대부분이어서 이것이 또 다른 격차를 유발하는 것이 아닌지 우려도 있다.

그러나 걱정은 잠시 미뤄 두고 큰 흐름에서 상황을 지켜보자면 분명 앞으로는 IB 교육과정을 도입하거나 이를 벤치마킹해 교육과정을 운영하는 학교들이 크게 늘어날 것이다. 또는 새로운 국가 교육과정을 개발할 때에도 IB 교육과정을 반영할 전망이다. 실제로 우리나라 국가 교육과정에 어떻게 IB 교육과정의 장점을 살려 국내 상황에 맞게 운영할 수 있을지 활발한 연구가 이루어지고 있다.

정리하자면 모든 교육기관이 IBO의 정식 허가를 받아 IB 학교가 되지는 않는다 하더라도 IB 교육과정에서 추구하는 글로벌한 시민 양성, 탐구 및 문제 해결, 사회 공헌, 토론, 논술식 수업 등은 국내 교육과정에 적극 도입할 것이다. 수업이 점차 이러한 방식으로 진행되면 평가 또한 이 방법에 맞춰져 지금과 같은 객관식 위주의 수능을 통한 학생 선발은 줄어들 것이다. 당장 수능 시험을 없앨 수는 없더라도 시행착오를 거쳐 차차 학생의 미래 역량을 다각적이고 심층적으로 평가하는 방법으로 학생들을 선발할 것이다. 이는 초등교육뿐 아니라 중등, 고등교육에서도 마찬가지다. 그러니 미래를 멀리 내다보고 자녀의 교육을 준비하는 부모라면 지금부터라도 내 자녀가 글로벌한 마인드로 깊게 사고하고 탐구하여 세상을 위해 공헌하도록 대비해야 한다.

거짓 MSG 말고
이제는 진짜 ESG

지속가능개발, 사회 공헌, 글로벌 시민, 세계시민의식 등의 키워드는 계속해서 강조되어 왔으며 교육이나 기업에서도 이를 염두에 두고 있었다. 그러나 최근 그 어느 때보다 중요하게 다루어지는 이유는 단순히 '척'이 아닌 진짜 사회와 환경을 생각하는 개인과 기업, 기관만이 살아남을 수 있기 때문이다.

이를 가장 실감할 수 있는 곳이 기업이다. 기업은 본질적으로 이윤을 추구하는 기관이다 보니 이기적인 속성을 지니고 있다. 말로는 사회 공헌, 친환경을 이야기하지만 이는 보여 주기 식, 이미지 메이킹을 위한 것에 그치는 경우도 부지기수였다. 애초에 환경

보호, 사회 공헌 등의 윤리 문제와 이윤 추구는 속성상 갈등 관계이다 보니 기업은 특히 이러한 문제에 진심을 다하기가 어려웠던 것이다.

그러나 코로나19, 이상기후 등 예전에는 결코 찾아볼 수 없었던 각종 사회·환경문제가 발생하고 있고, 지구를 둘러싼 위기도 극에 달했다. 그렇기 때문에 이제는 기업도 이 문제를 해결하지 않고 성장에만 집중하기에 어려운 상황이 되었다. 지구적 문제를 해결하기 위해 힘쓰지 않고 '척'만 하는 기업들은 투자를 유치하지 못해, 이제는 '척'이 아닌 '찐'으로 임할 수밖에 없다. 이렇게 환경과 기업을 생각하고 투명하게 기업을 경영하는 것을 'ESG' 경영이라고 한다. 이 용어는 주식과 관련해서 크게 화제가 되었다. 주식과 ESG는 대체 무슨 상관이 있었던 걸까?

주식에 투자하는 사람들은 자신이 투자하는 기업이 소위 대박이 나기를 바라며 어떤 기업에 투자할지 정보를 찾아 나선다. 이때 참고하는 정보는 세계 최대 투자자들의 투자 포트폴리오다. 세계 최대 투자자들은 어떤 정보에 입각해 투자를 결정할까? 그들이 촉각을 곤두세우는 지점은 세계의 돈을 움직이는 최대 자산운용사의 돈이 어디로 움직이는지 살펴보는 것이다. 세계 최대 자산운용사들은 연초에 발표하거나 해마다 하는 행사에서 서신을 보내는데 이를 자세히 살펴보면 그들의 돈이 어디로 움직이는지 예측할 수 있다.

2020년 초 세계 최대의 자산운용사인 블랙록의 공동 창업자인 래리 핑크 회장은 투자 기업의 최고 경영자들에게 서신을 보냈다. 이 서신에서 래리 핑크 회장은 ESG를 언급했다. 앞으로 ESG 성과가 나쁜 기업에는 투자하지 않겠다고 선언한 것이다. 그에 따라 기업들은 투자를 유치하기 위해 진정성 있는 ESG 경영을 실현하며 좋은 평가를 받게 되었다. 현재 기업의 ESG 지수를 제대로 평가하는 각종 기준이 활발히 개발되고 있으며 ESG 등급을 높게 받은 국내 기업은 주가가 오르기도 했다.

상황이 이러니 세계적으로 유명한 글로벌 기업도 제품의 신개발, 기술 혁신에 집중하기보다 앞다투어 ESG 경영에 뛰어들어 여러 시도를 하고 있다. 애플의 1억 달러 규모의 인종차별 방지 이니셔티브 프로젝트, 인종차별에 반대한다며 존슨앤존슨이 내놓은 화이트닝 제품 생산 중지 발표, 테슬라의 탄소 포집 기술 대회 발표, 마이크로소프트의 탄소배출량 저감 계획 등이 대표적인 ESG 경영 사례다.

이를 통해 다시 한번 세계시민의 관점에서 지구의 환경, 사회 문제에 관심을 가지고 이를 해결하는 인재가 매우 필요하다는 것을 확인할 수 있다. 어떻게 하면 배운 내용을 활용해 대기 중의 탄소를 줄일 수 있을지, 친환경적인 의류 소재를 개발할 수 있을지, 배달 음식의 플라스틱 일회용품을 줄일 수 있을지, 디지털 기기를 다루지 못해 소외되고 어려움을 겪는 노년층을 도울 수 있을지 등 이러한 문제를 민감하게 생각하고 해결책을 마련해 보는 습관을 길러야 한다는 의미다.

아무리 개인 역량이 뛰어나다 한들 이제는 사회와 환경 즉, 지구인의 웰빙을 도외시하고 지구촌 문제에 대한 고민과 해결책이 없는 인재들은 도태될 것이다.

6장

협력하라

세상은 협력을 말하는데
교실은 소통 불가

교직에 첫발을 들였을 때 나는 6학년 담임을 맡았다. 그때 우리
반에 한 남학생이 있었는데 공부를 굉장히 잘하는 아이였다. 또래
들과 달리 아직 2차 성징이 일어나지 않아 몸집도 작고 피부도 뽀
얗고 목소리도 아기같이 귀여운 아이였다. 그런데 그 아이는 툭하
면 아이들과 싸웠고 담임교사인 나에게도 딴지를 걸고 무시하기
일쑤였다. 아이의 부모와 여러 차례 상담을 했는데 부모는 아이가
공부를 잘하니 성격이나 사회성 등은 다소 부족해도 상관없지 않
느냐는 논조로 일관했다. 1년 내내 아이들과 교사인 나까지 무시
하는 그 아이를 보며 중학교에 가서 크게 한번 홍역을 치르겠거니

생각했다.

3년 후 거짓말처럼 그 아이에게서 문자가 왔다. 중학교에 진학한 후 심한 따돌림을 당한 모양이었다. 매번 스승의 날이면 문자를 할까 말까 수차례 고민하다가 이제야 용기를 내었다며 죄송하다고, 그때 선생님의 말씀이 맞았다고 문자를 보내왔다. 교우 관계로 마음고생을 하는 동안 성적마저 곤두박질쳤다는 제자의 문자에 가슴이 아렸다.

비단 이 아이뿐 아니라 학교에는 온갖 형태의 소통 불가와 일방통행, 그로 인한 충돌이 난무한다. 친구와 선생님이 이야기 중인데 말을 뚝뚝 자르고 자기 할 말만 하는 아이, 모둠 활동을 할 때 자신의 의견과 팀의 의견이 다르면 무리에서 이탈해 더 이상 활동에 참여하지 않는 아이, 자신의 의견대로 하자며 목청 높여 싸우는 아이, 다른 친구들이 의견을 내든지 말든지 한마디도 하지 않고 팀에 아무런 보탬이 되지 않는 아이, 다른 친구의 의견을 무시하고 말을 툭툭 내뱉어 팀원의 기분을 상하게 하는 아이, 서로 좋은 것을 하겠다고 싸우는 아이, 심지어 종이 방향을 자신에게 유리하게 하겠다고 서로 다투다가 종이가 찢어지는 경우까지….

그런데 신기한 점은 팀 활동에 어려움을 겪는 아이들은 대부분 학교에서 생활하는 내내 그러하다는 것이다. 우리 교실에서 친구들과 팀 활동을 원활히 하지 못하고 다툼이 많은 아이는 지난해 담임 선생님께 연락해 보면 역시나 작년에도 그랬다는 답이 돌아

오고, 해가 바뀌어 아이들이 진급해 새 선생님을 만나면 그 선생님 역시 나에게 전화를 걸어 그 아이에 대해 상담한다. 그렇다면 이렇게 상대의 말을 자르고, 자신의 의견만 고집하고, 자신의 마음에 안 들면 모둠 활동 참여를 거부하고, 결국 모둠원들과 다툼을 일으키는 아이들은 어째서 변하지 않는 것일까?

아이와 일대일로 대화를 나누어 보고 일주일에 한 번 아이와 친밀함을 쌓는 시간도 마련해 보고 얼러도 보고 사정도 해 보고 화도 내 보고 이 방법 저 방법을 다 써 봐도 아이들의 태도를 고치는 일은 쉽지 않다. 결국 학부모에게 도움을 요청하기 위해 조심스레 말을 해 보지만 돌아오는 답에 맥이 빠진다. 아이가 그래도 운동은 좋아하니 팀워크를 다지는 운동을 하면서 협동심과 갈등 해결 능력을 길러 보면 어떻겠느냐는 제안을 했을 때 한 학부모는 이렇게 답했다.

"저희 아이가 지금 학원이 많아서 그런 학원을 새로 다닐 시간이 없네요."

어떤 학부모는 오히려 다른 아이들을 탓하며 자신의 아이를 가정학습 시키겠다고 이야기했고, 어떤 학부모는 가정체험학습을 신청하고 아이를 줄곧 학교에 보내지 않다가 6학년 마지막 날 졸업식에 아이를 보내기도 했다. 가장 황당했던 경우는 맞벌이 가정의 아이들은 여기저기 손을 타서 애들이 거칠다며 아무래도 자신의 아이를 전학 시켜야겠다고 이야기한 사례였다.

물론 아이들이 모둠 활동을 제대로 하지 못하는 것을 부모와 가정교육 탓으로만 돌리는 것은 아니다. 그러나 저학년 때부터 친구들과 자주 다투고 여럿이 함께 하는 활동을 제대로 하지 못하는 아이들은 중학년 때나 고학년 때나 크게 달라지지 않는 경우가 많다. 만약 내 아이가 이러한 문제를 빚는다면 조금 크면 나아지겠지 하는 생각으로 일관하기보다 좀 더 신경을 써서 아이가 나아질 수 있도록 도움을 주어야 한다. 이는 비단 교우 관계 차원에서 뿐 아니라 미래를 준비하는 차원에서도 협업 능력이 매우 중요하기 때문이다. 이제는 혼자서만 잘난 인재는 어느 곳에서도 환영 받지 못한다. 내 아이가 미래에 행복한 인재로 살아가길 원한다면 여럿이서 협업하는 능력을 꼭 길러 줘야 한다.

이제는
전부 림 림 림!

현재의 교육과 입시는 앞서 언급한 것처럼 변화할 전망이다. 지금 생각하면 절대 없어지지 않을 것 같은 수능 시험도 현재 초등학생인 자녀가 입시를 앞둘 때쯤에는 상당 부분 바뀔 것이다. 이렇게 확언할 수 있는 이유는 세상의 흐름이 정말로 그렇기 때문이다. 단순히 객관식 문제를 잘 푸는 학생이 빠르게 변화하는 트렌드를 읽고 그에 맞는 문제 해결을 잘한다는 보장이 없으며, 이러한 학생들이 창의적 아이디어로 무장했다는 사실도 알 수 없기 때문이다.

국가 입장에서 생각해 보아도 더 이상 객관식 문제를 잘 푸는 학생을 길러 내는 교육에 시간과 재정을 투자할 이유가 없다. 국고를 들여 교육한 인재들이 국가 발전에 큰 도움이 될 수 있도록 하려면 교육 방향과 선발 또한 국가에 도움이 되는 방향으로 이루어질 수밖에 없다. 따라서 이제는 사회의 흐름을 그때그때 읽고 그에 필요한 문제를 해결하는 인재, 공동체에 공헌하는 인재를 기르는 방향으로 교육이 이루어질 것이며, 교육 방식 또한 앉아서 지식을 암기하고 문제를 푸는 것이 아니라 팀원들이 함께 머리를 맞대어 문제를 해결하고 탐구하는 프로젝트 중심의 수업이 될 것이다.

프로젝트 수업은 특성상 혼자서 수행하기 어려우며 반드시 팀원의 도움을 필요로 한다. 하물며 초등학교 수업에서도 그렇다. 예를 들어 6학년 국어 시간에 나오는 《우주호텔》(폐지를 줍는 독거노인이 메이라는 어린 소녀와 또 다른 노인과 우정을 쌓으며 삶의 의미를 찾아가는 내용)이라는 문학 작품과 사회 과목의 '우리 사회의 문제를 해결하기 위한 공동체의 노력'이라는 차시를 연계해 '독거 어르신 돕기 프로젝트'를 진행한다고 해 보자.

이 문제를 원활히 해결하기 위해서는 서로 다른 관점을 가진 여러 학생이 자유롭게 의견을 나누고 의견 조율을 거쳐 해결 방안을 떠올려야 한다. 만약 해결 방안으로 '어버이날 카네이션을 만들어 동네 복지관 어르신들께 달아 드리기'라는 의견이 나왔다면 이를 실제로 행하는 과정에서 팀원의 다양한 역할 분담이 필요하다. 누군가는 이웃 복지관에 연락해 협조를 구하고 일정을 조율해야 하고, 누군가는 카네이션을 만들기 위한 예산과 재료를 확보해야 한다. 손재주가 좋은 학생은 카네이션을 더욱 아름답게 만드는 데 도움을 줄 수 있고, 또 누군가는 좀 더 붙임성 있게 어르신들께 다가가는 역할을 맡을 수 있을 것이다. 이 모든 과정을 혼자서 한다면 어떨까? 일의 속도도 느릴 뿐더러 여럿이 프로젝트를 실행했을 때만큼의 시너지 효과를 내기도 힘들 것이다. 또한 여럿이 프로젝트를 성공했을 때의 끈끈한 우정과 협동의 기쁨도 경험하기 어렵다.

미래를 수업하는 대학 그리고 혁신 기술과 서비스로 미래를 주도하는 기업에서는 이미 프로젝트 활동이 한창이다. 앞서 언급한 미네르바 스쿨, 스탠포드대학교 D스쿨은 물론이고 미국의 아이비리그 대학들은 프로젝트 중심의 수업을 시작한 지 오래다. 학생들은 프로젝트를 해결하기 위해 알아야 할 학문 지식, 이론 지식은 가정에서 온라인으로 미리 학습해 오고 강의실에서는 다양한 학생이 모여 의견을 나누고 문제 해결을 고민하며 수행해 나간다. 이렇게 팀 기반의 프로젝트 수업이 수업의 대다수를 차지하다 보니 학교에서 학생들을 선발하는 기준에 반드시 협업과 소통 능력을 포함한다.

미네르바 스쿨의 학생 선발·입학 기준 5가지 중에는 '팀워크', '겸손' 항목이 들어 있으며 '재학 중에 팀워크와 협력을 기반으로 진행되는 일이 많으므로 타인을 존중하고 배려하며 원활하게 소통할 수 있는 학생을 선발한다'고 명시해 두고 있다. 또한 미네르바 스쿨은 2학년 때까지 미래 핵심 역량과 관련된 소양과 다양한 학문을 포괄적으로 배우고 3학년이 되어서야 전공을 선택한다. 1학년 때 배우는 과목으로 효과적인 의사소통법, 동료와 상호작용 하는 능력이 있다.

한편 미국에는 우리나라의 과학고등학교와 비슷한 제퍼슨 과학기술고등학교가 있다. 미국의 학교 평가 전문기관인 니치의 2020년도 평가에서 '미국 내 최고의 공립고등학교', '미국 내 최고의 STEM 분야 고등학교' 부문 1위로 평가된 학교다. 이 학교의 교육은 6가지 교육 철학하에 이루어지는데 그중 두 번째 내용이 '협업 기술 개발'이다.

글로벌 기업인 구글과 픽사 또한 협업을 강조하는 사내 문화로 유명하다. 특히 이들 기업은 서로 다른 성격을 지닌 구성원 간의 의사소통을 강조한다. 동일한 성격을 지닌 사람들 간의 협업보다 서로 다른 시각을 지닌 사람들끼리 협업했을 때 더 신선하고 혁신적인 아이디어가 생길 수 있다고 보기 때문이다. 따라서 다양한 구성원이 팀을 이루어 함께 회의하고 프로젝트를 하는 것은 물론이고 사내의 제각각 다른 성격을 가진 팀원이 우연히 만나 가벼운 담소를 나누는 과정에서도 새로운 아이디어를 떠올리도록 공간 구성까지 철저하게 협업을 위해 설계되었다.

예를 들어 구글은 사무실의 모든 공간을 간식이 있는 공간과 가깝게 배치했는데 사람들이 보통 간식거리가 있는 곳에 모여들기 때문이다. 간식을 먹기 위해 잠시 들른 다른 팀의 사원들은 일상적인 대화를 하고 이 과정에서 생각지 못한 구성원 간의 조합과 참신한 아이디어가 떠오른다고 한다. 이렇듯 세계 최고의 글로벌 기업은 팀원 간의 우연한 협업까지 고려할 정도로 협업을 매우 중요한 가치로 여긴다.

협업 능력이 중요해지다 보니 기업에서 평판 관리에 힘을 쏟는 사람들이 많아지고 있다. 기존의 회사 문화와 달리 이제는 기업에서 프로젝트를 중심으로 여러 사람이 함께 뭉쳤다가 흩어지고 새로운 프로젝트에서 또 다른 사람들과 모였다 흩어지며 업무를 처리하는 형태가 많아지고 있다. 새로운 프로젝트가 주어질 때마다 어떤 사람들이 모여야 혁신적이고 효율적으로 임무를 완수할 수 있을지 팀 구성원을 잘 꾸려 나가는 것이 관건이다. 이때 사람들은 인력 데이터베이스를 통해 특정인에 대한 평판을 조사할 수 있다.

예를 들어 나에게 어떤 프로젝트가 할당돼 팀을 꾸려 이를 수행할 때, A라는 인물과 함께 해도 좋을지 결정하기 전에 그에 대한 평판을 알아볼 수 있다는 뜻이다. 이제는 한 인물이 어디에서 언제 근무했으며 어떤 프로젝트를 진행했는지 정보를 얻기가 매우 쉬워졌다. 따라서 A와 같은 시기에 같은 회사에서 근무했던 B,

C 또는 함께 프로젝트를 수행했던 D 등의 인물을 찾는 일도 쉬우며 그들에게 이메일이나 링크드인 메시지 등을 보내 연락하는 일도 매우 수월해졌다.

구글에서 근무 중인 김은주 수석 디자이너는 창의력과 협업이 중요한 작금의 소프트웨어 시대에는 한 사람의 천재에 의존하기보다 여러 좋은 사람의 협업으로 만들어 내는 결과물이 성공을 이끈다며 협업의 중요성을 다시 한번 강조했다.

쉴 새 없이 돌아가는 세상, 함께 맞서라

협업이 중요한 또 다른 이유는 빠르게 변화하는 세상의 속도와도 관련이 있다. 얼마 전 라디오에서 공감되는 내용을 들었다. 라디오 방송에 나온 게스트의 이야기였다. 그녀는 정글로 떠나는 방송에 고정으로 출연했는데 정글에 다녀올 때마다 그새 세상이 확 바뀐 것 같아 사회의 변화 속도를 실감했다고 말했다. 정글에서는 스마트폰을 들여다볼 시간이 없거나 와이파이가 터지지 않는 지역이 대부분이라 국내 소식을 확인할 수가 없는데, 고작 몇 박 며칠 사이에 공항에서 스마트폰을 켜면 낯선 일들이 벌어져 당황스러웠다고 했다.

나 또한 교직에 있으며 이런 경험을 적지 않게 하고 있다. 메타 버스가 이슈가 되어 힘들여 게더타운을 열심히 공부했더니 이프 랜드, 모질라허브, ZEP가 나오고 게더타운은 그새 또 유행이 식 어 버렸다. 인공지능 수업을 준비할 때도 기껏 엔트리, 티처블 머 신 등을 공부하면 오렌지라는 새로운 플랫폼이 유행하고, 최근에 는 챗GPT가 뜨거운 감자다. 온라인 수업을 준비할 때도 기껏 줌 에 익숙해지면 MS팀즈도 배워야 한다고 하고, 또 노션을 알아야 한다고 한다.

나는 빠른 시일 안에 어떻게 트렌드에 올라타 꾸역꾸역 플랫폼 사용법을 익히고 수업에 적용할 수 있었을까? 협업을 통해서였 다. 혼자 연구 활동을 했다면 새로 생겨나는 플랫폼에 대한 소식 도 얻기 어려웠을 것이고, 빠르게 사용법을 익히기도, 이 플랫폼 들을 적용한 수업 아이디어를 떠올리기도 어려웠을 것이다. 그러 나 여러 팀에 속해 팀원과 활동을 하며 각종 정보에 대한 소식도 얻고, 각 영역에 전문성을 가진 팀원에게 배우고, 서로의 수업에 서 활용했던 사례를 이야기하며 새로운 트렌드를 빠르게 흡수할 수 있었다.

《NFT 사용설명서》(맷 포트나우, 큐해리슨 테리, 남경보 옮김, 이 장우 감수, 여의도책방, 2021)를 쓴 IT 전문가 맷 포트나우 또한 새 로운 기술과 서비스가 걸음마를 막 떼기 시작한 시기에는 남들과 소통하고 시도하며 협업하는 게 필요하다고 이야기한다. 실제로 새로운 기술과 서비스가 유통되면 이를 연구하고 빠르게 활용하기 위한 각종 커뮤니티가 생성되는데 이런 커뮤니티를 통한 협업이 도움이 된다는 것이다. 앞으로는 지금보다 기술과 서비스의 변화 속도가 더 빨라질 것이다. 이러한 흐름에 적응하고 그때그때 주류가 되는 기술과 서비스를 이용해 문제 해결을 원활히 하기 위해서는 팀에 소속돼 함께 소통하며 연구하고 협업하는 능력이 더욱 필요해질 것이다. 아무리 똑똑한 개인이라 한들 속도나 양적인 면에서 결코 팀을 이기기는 어려울 것이다.

협업 역량이란?

앞으로의 세상에선 협업 역량이 중요해진다는 것은 알았다. 그렇다면 협업 역량이란 구체적으로 어떤 것을 의미할까? 협업을 이야기할 때 빠지지 않는 것이 '의사소통 능력'이다. 우리가 타인과 협동하기 위해서는 말이나 글로 대화하는 과정을 반드시 거치기 때문이다. 그러나 여기서 말하는 의사소통 능력은 단순히 말을 능수능란하게 하고 글을 조리 있게 쓰는 것을 뜻하지 않는다.

다들 여럿이 대화해 본 경험이 있을 것이다. 이를 떠올려 보면 누군가와 소통한다는 게 결코 쉽지 않다는 말에 공감할 것이다. 구성원 간의 의견이 하나로 모이지 않고 엇갈린다든가, 극명하게 상반된 의견이 대립할 때 성인 또한 큰 목소리를 내지 않고 상대를 배려하며 대화하기가 참 어렵다. 그러나 이러한 상황에서 누군가는 대화를 부드럽게 이끌고 구성원 간의 의견을 잘 조율하며 쉽게 흥분하지 않고 자신의 의견을 설득력 있게 풀어 나간다.

협업 역량에서 이야기하는 의사소통 능력의 첫 번째는 바로 이렇게 상대의 말을 끝까지 경청하고, 여러 가지 의견을 수용하며, 감정을 추스르고 차분하게 대화에 참여하는 태도다.

두 번째 의사소통 역량은 자신이 아는 바를 분명하게 전달하는 능력이다. 구성원들이 귀중한 시간을 내어 한자리에 모여 의사소통을 하는 이유는 당면한 문제를 해결하기 위함이다. 그런데 도통 어떤 이야기를 하고 있는지 알아듣기 힘든 경우가 있다. 두서없이 이 얘기 저 얘기 의식의 흐름대로 이야기하는 경우, 설명이 지나치게 긴 경우, 이야기의 요지와 관련 없는 불필요한 이야기까지 하는 경우, 이해하는 데 필요한 정보를 생략하고 지나치게 간략히 이야기하는 경우 등이 모두 이에 속한다.

따라서 원활한 협업을 위해서는 자신의 이야기를 간결하게 표현하되 핵심은 모두 살려 명확하게 전달하는 역량이 필요하다. 자신이 할 말을 서론, 본론, 결론 등으로 구조화하는 능력, 하고 싶은 많은 이야기 중 핵심만 간추리는 능력, 적절히 발언 시간을 조정하는 시간 관리 능력 등이 필요하다.

타인과 의사소통하며 협업하는 과정에서 중요한 또 한 가지는

'프레젠테이션'이다. 보통 큰 프로젝트들은 여러 분야의 팀이 힘을 합쳐 성과를 내는데 이렇게 각 팀끼리 논의한 내용을 공유하는 자리에서 사용하는 주된 방법이 프레젠테이션이기 때문이다. 팀 내부에서 의견을 조율하고 협업하는 데는 토의, 토론 등의 대화가 주를 이룬다면 이렇게 각 팀 내부에서 논의한 상황을 각 팀끼리 공유할 때는 프레젠테이션 방식을 사용할 수 있다.

기업뿐 아니라 중·고등학교는 물론 대학에서도 프레젠테이션으로 소통하고 협업할 때가 많다. 따라서 프레젠테이션을 효과적으로 하는 방법 또한 의사소통 능력을 기르기 위해 꼭 훈련해야 한다. 어떻게 말문을 열어 청중의 관심을 사로잡을 것인지, 어떻게 하면 핵심을 간결하면서도 명확하게 전달할 것인지, 이를 시각적으로 잘 나타내기 위해 프레젠테이션 슬라이드는 어떻게 구성할 것인지, 발표 내용을 청중이 오래 기억할 수 있도록 마무리 멘트는 어떻게 할 것인지 등 프레젠테이션 전략을 세우고, 이를 자신감 있는 태도로 발표하는 능력도 미리 준비해야 할 역량이다.

협업을 위해
I 말고 T가 되자

지금까지 협업 능력 중 의사소통 능력에 관해 이야기했다면 다음으로 이야기하고 싶은 주제는 다방면에 대한 지식이다. 요즘 남녀노소 할 것 없이 MBTI가 인기다. 누군가 "너는 E야? I야?" 하고 대뜸 물어도 그것이 MBTI에 관한 이야기임을 알 정도이니 말이다. 협업 능력에 관해 말하자면 이제는 I보다 T의 시대다. 이것이 무슨 말이냐면 구성원 간의 원활한 협업을 위해서는 I형 인재보다 T형 인재가 되어야 한다는 뜻이다.

예전에는 한 우물을 파는 사람이 그 분야의 전문가로 인정 받아 권위를 내세울 수 있었다. 그러나 이제는 한 우물만 파서는 적응하기 어려워졌다. 이제는 자신의 전문 분야를 가지되 그 외의 다른 분야도 소양과 지식을 갖춘 T형 인재가 각광 받고 있다. 알파벳 I는 오로지 한 분야를 깊게 파는 모양을 가진 반면, 알파벳 T는 한 분야에 대한 깊은 지식과 다른 분야를 아우르는 넓은 지붕을 가진 형상을 하고 있는데 이제는 이러한 지붕이 필수인 시대다.

현재 직면해 있는 각종 사회·환경문제와 전 지구인이 당면한 글로벌 문제는 명확한 하나의 원인을 찾을 수 없을 만큼 다방면에 걸친 복잡한 원인을 가지고 있다. 이러한 문제를 풀기 위해서는 마찬가지로 다방면의 인재들이 모여 여러 각도에서 접근해야 한다. 상황이 이러니 오로지 자신의 분야만 골몰해 자신의 관점에서 생각하는 사람보다 특정 분야에 전문성을 갖되 다른 분야에 대한 지식도 함께 갖춘 사람이 협업하기에 훨씬 수월하다.

다양한 분야의 여러 사람이 모여 팀을 이루는 대부분의 프로젝트 활동에서는 서로의 영역에 대한 지식을 갖고, 원활히 의견을 교환하고 소통하며 문제 해결을 할 수 있는 사람들이 경쟁력이 있다. 시대가 이러한데 중요한 학문이 어디 있으며 덜 중요한 학문은 어디 있겠는가. 전통 방식으로 국·영·수 등 과목을 구분하고 주요 과목이라는 이름까지 붙여 편식해 공부했다면 이제는 모든 영역에 관심을 갖고 두루두루 지식을 쌓아야 한다.

사람은 결국
사람에 끌린다

협업과 관련해 마지막으로 이야기할 내용은 '인성'이다. 인성교육은 예전부터 쭉 중요하게 다루어졌다. 그러나 공부만 잘하면 인성은 살짝 모자라도 괜찮다는 인식 또한 암암리에 존재했던 것도 사실이다. 4차 산업사회가 되면서 인성에 대한 중요성이 그 어느 때보다 중요하게 다루어지고 있는데 이는 미래 역량과 관련이 있기 때문이다. 이제는 대부분의 문제를 개인이 아닌 팀 기반으로 해결해야 하니 인성이 좋지 않은 개인은 살아남기 힘들게 되었다.

나 또한 학교에서 이를 생생히 경험하고 있다. 초등학교의 작은 학급 프로젝트를 진행할 때만 해도 함께 프로젝트를 하자고 제안하고 도움을 요청하고 싶은 아이들이 있는가 하면 아무리 공부를 잘하고 영리해도 그런 말을 선뜻 건네기 꺼려지는 아이들이 있다. 함께 일하고 싶은 아이들은 인성이 좋은 아이들, 소위 말해 '참 애가 괜찮다.' 싶은 아이들이다. 어린아이에게조차 각자의 인성을 토대로 이렇게 호불호가 생기는데 하물며 사회에서는 어떨까? 특히 구성원 간의 능력치가 다들 비슷하다면 함께 일하고 협업하고 싶은 사람은 인성이 좋은 사람일 것이다.

어떤 특정인의 역량이 압도적으로 뛰어나다고 한들 마찬가지다. 인성에 문제가 있다면 팀원으로 받아들이기 힘들 것이다. 뛰어나지만 성격이 모난 개인이 와서 팀을 해치는 것보다 서로 잘 융화될 수 있는 구성원으로 팀을 꾸리는 것이 과정과 결과 면에서 긍정적이라는 점은 몇 번의 경험으로도 충분히 알 수 있다.

아무리 뛰어난 개인일지라도 좋은 팀워크를 가진 구성원의 합은 이기기 어렵다. 이제는 업무, 전문 역량은 물론이고 함께 일하고 싶은 마음이 들도록 인성도 갖추어야 한다. 어쩔 수 없이 사람은 사람에 끌리기 마련이다.

7장

기술을 연마하라

기술자가 아니어도
기술을 연마하라

'이럴 줄 알았으면 기술이나 배울걸.' 이런 이야기를 한 번쯤 해 보거나 들어 봤을 것이다. 불과 얼마 전까지만 해도 공부와 기술은 서로 분리된 것처럼 여겨졌다. 공부에 집중할 아이들은 기술을 배우지 않아도 되거나, 기술에 집중할 아이들은 공부를 살짝 등한시해도 된다는 식으로 말이다.

그러나 이제는 기술과 공부의 구분이 사라지고 있다. 그리고 앞으로는 기술을 자유자재로 사용할 수 있는 인재가 환영 받을 것이다. 나의 주변 혹은 사회, 아니면 전 인류에 도움을 주는 획기적인 문제를 발견했다고 해 보자. 이 문제를 어떻게 해결하면 좋을지 아이디어도 떠올랐고, 서로 다른 구성원과 머리를 맞대어 문제를 해결할 협업 능력도 갖추었다. 그러나 막상 문제를 해결할 수 있는 기술을 가지지 못했다면 어떨까? 실제 사람들이 머릿속에 다양한 아이디어를 떠올렸다가도 이내 실행하지 못하고 공상으로 흘려보내는 이유 또한 아이디어를 구현할 만한 기술력을 갖추지 못했기 때문이다.

물론 실제 업무나 프로젝트를 수행할 때 기술 부분은 전문가에게 맡길 수 있다. 그러나 나의 아이디어를 직접 구현할 기술력을 어느 정도 스스로 갖춘다면 그보다 완벽할 수는 없을 것이다. 남들이 보지 못한 사회와 지구에 도움이 되는 문제를 발견했는데 이를 직접 해결할 수 있는 기술력도 있고, 거기에 협업 능력까지 탁월하다면 이러한 인재는 누구든 모셔 가기 바쁠 것이다.

기업에서 근무하는 사람들의 이야기를 들어 보면 이런 완벽한 인재를 찾는 것은 그야말로 하늘의 별 따기라고 한다. 카이스트나 외국 명문대를 졸업한 기술자들을 뽑아 놓아도 그들이 해당 기술은 기가 막히게 다루지만 기술을 활용한 혁신을 만들기에는 다른 영역에 대한 소양도, 창의적인 아이디어도 부족하다고 한다.

반대의 경우도 마찬가지다. 훌륭하고 혁신적인 아이디어를 가지고 있지만 이를 구현할 기술력이 없는 인재 또한 한계가 있다고 말한다. 이 경우 기술 부분은 결국 외부 인사를 영입해야 하는데 적합한 인력을 찾는 데 들이는 시간과 비용이 만만치 않다. 하물며 외부 인사를 찾았다고 해도 기업이 그리는 비전과 기획 의도를 기술자에게 정확히 전달하고 이해시키는 작업도 쉽지 않아 원하는 결과물을 얻는 데 상당한 시간이 소요되기도 한다.

상황이 이렇다 보니 기업 입장에서는 창의적 아이디어와 통찰력, 다방면에 대한 소양을 갖춘 기술자나 창의적이고 혁신적인 아이디어를 가졌으면서도 어느 정도 기술력을 갖춘 사람을 애타게 찾기 마련이다. 그러나 어려운 기술을 능수능란하게 다루면서도 창의적 아이디어까지 갖춘 사람이 되기란 현실적으로 소수에 국한된 일일 수 있다. 그렇다면 우리들은 어떻게 포지셔닝을 잡아야 할까? 문제 해결력, 사회에 공헌하는 태도, 협업 능력을 갖추고 전문가 수준까지는 아니더라도 기술에 대한 소양을 가진 사람으로 그 방향을 정해야 한다.

지금은 업무나 프로젝트 등에 적용하기 쉽도록 오픈 소스로 공유해 놓은 여러 프로그램이 많고, 사용자가 조금만 공부하면 쉽게 활용할 수 있는 플랫폼도 많다. 《AI 시대, 문과생은 이렇게 일합니다》(노구치 류지, 전종훈 옮김, 시그마북스, 2020)에서는 전문적인 수준까지는 아니지만 인공지능에 대한 기본 소양을 갖춘 문과생이 창의적인 아이디어를 기반으로 어떻게 다양한 혁신을 이루었는지 자세한 사례를 소개한다.

전통적으로 우리 부모들은 자녀 교육을 학습과 공부에 국한하는 경우가 많다. 그렇다 보니 자녀가 책상에 앉아 문제집과 교과서 문제를 풀고 무언가를 열심히 쓰는 것은 공부라고 생각한다. 하지만 자녀가 컴퓨터로 그림을 그린다든가, 가상 세계에 집을 짓고 친구들을 초대해 논다든가, 유튜브에 올릴 콘텐츠를 만든다든가 하는 일은 시간 낭비라고 생각할 때가 많은 듯하다. 그나마 이러한 행위가 초등학생에게는 허용이 되는 분위기지만 자녀가 중·고등학생이 되면 공부를 방해하는 요소로 배척 당하기 일쑤다. 이제는 공부에 대한 인식의 폭을 넓혀 보는 것이 어떨까. 단순히 학교 공부에만 능하고 아무런 기술도 쓰지 못하는 아이들은 그야말로 백면서생(얼굴이 하얀 서생이란 뜻으로 바깥 활동을 하지 않고 오직 집에서 글만 읽고 세상일에 경험이 없는 사람을 이르는 말) 취급을 받을지도 모른다.

연마해야 할 기술은
정해져 있다

우리 아이들이 미래를 주도하며 행복하게 살기 위해 어떤 기술을 연마하면 좋을까? 이 세상에는 배워 두면 유용한 기술이 넘쳐 난다. 그러나 시간과 비용을 고려했을 때 이왕이면 활용 가치가 높은 기술을 배워 놓는 게 좋다. 미래 시대가 요구하는 핵심 기술이 무엇인지 알고 이에 대한 사용법을 익혀 놓는 것이다. 그렇다면 지금부터 미래까지 두루 사용될 기술은 무엇일까? 4차 산업시대를 열 핵심 기술이다. 교육부에서는 4차 산업혁명 핵심 기술 중중요한 6가지로 IOT(사물인터넷), 빅데이터, 블록체인, 3D프린팅, 스마트 모빌리티, 인공지능을 소개했다.

어디 교육부뿐만이겠는가. 뉴스, 책, TV, 인터넷을 봐도 그리고 우리 삶을 들여다보아도 위의 기술에 대한 이야기는 넘쳐 난다. 요즘은 인터넷이 사용되지 않은 가전제품을 찾는 것이 더 어려울 정도고 향후 유망한 미래 직업 순위에는 데이터 사이언티스트가 연일 1위를 차지하고 있다. 이에 힘입어 대학에는 데이터와 관련된 각종 학과가 빠르게 생겨나고 통계학과의 인기도 급부상하고 있다.

블록체인은 어떤가? 비트코인 광풍이 부는가 했더니 얼마 전까지는 블록체인 기반의 수집품을 거래하는 NFT 뉴스가 연일 화제였다. 스마트 모빌리티 즉, 자율 주행 자동차에 대한 연구와 서비스 출시에 대한 관심도 뜨겁고 인공지능은 공교육 도입까지 준비 중이다. 3D프린터 또한 앞으로 활용 가치가 무한하다 보니 3D프린터로 우주선을 만들고 커피부터 와인까지 음료를 프린트하는 기술을 개발할 정도다. 미국 실리콘 밸리에 있는 스타트업 카나(Cana)는 현재 원하는 음료를 만들어 주는 음료 프린터를 개발하고 있다.

세상이 변화하는 흐름을 읽고 이에 맞는 기술을 연마해 활용하는 능력이 얼마나 중요한지는 한 시대를 풍미했던 기업 코닥의 사례에서도 알 수 있다. 우리 부모 세대는 필름 카메라가 익숙할 것이다. 필름이라 하면 누구나 '코닥 필름'을 떠올릴 정도로 코닥 필름은 필름의 대명사로 통했다. 그러나 코닥은 당시 앞으로 디지털 기반의 시대가 다가올 것이며, 카메라 역시 디지털 사진을 찍을 수 있도록 변신을 꾀해야 한다는 사실을 간과했다. 끝까지 필름 카메라를 고수하고 이와 관련한 기술 개발에 적극 투자했으나 끝끝내 실패했다. 반면 넷플릭스는 어떤가? 우편으로 영화 DVD를 배달하는 작은 회사였던 넷플릭스는 향후 미래를 내다보고 이에 맞는 기술을 개발해 콘텐츠 구독 서비스를 내놓았다. 그리고 지금은 넷플릭스를 모르는 사람이 없을 정도로 전 세계적으로 엄청난 성공을 거두었다.

최근 각종 공모전 흐름만 봐도 4차 산업의 핵심 기술을 익히고 활용할 인재를 적극 선호한다는 사실을 알 수 있다. 예전에는 잘 보이지 않던 데이터 경진대회, AI 창업 경진대회가 주를 이루고 초·중·고 학생을 대상으로 한 과학 전시관 공모전 수상작을 보아도 머신러닝, 앱인벤터, 3D프린터 등을 활용해 문제를 해결한 작품들이 주를 이룬다.

진정한 고수는 방향을 잡고 기술을 쓴다

부모 세대라면 소림사에 대해 한 번쯤 들어 보았을 것이다. 어린아이들이 머리를 **빡빡** 밀고 무술을 연마하기 위해 들어간다는 절 말이다. 소림사에선 아이들을 무술의 고수로 만들기 위해 어떤 것을 가르칠까? 우선 무술에 관한 기본 이론을 가르치고, 그 기술을 어떻게 써야 하는지 방법을 전수한 뒤, 그 기술이 몸에 완전히 익도록 끝없는 훈련을 시킬 것이다. 마지막에는 그 기술을 언제, 어떻게 정확히 사용해야 하는지 활용법을 알려 주고 실전 연습도 할 것이다. 기술을 열심히 익혀 체득했다 한들 적재적소에 알맞은 기술을 꺼내 사용하지 못한다면 그 기술은 무용하다.

내 동생은 어릴 적부터 컴퓨터를 잘 다루었다. 컴퓨터를 워낙 좋아해 화이트 해커가 되겠다는 꿈을 안고 컴퓨터를 전문적으로 가르치는 특성화 고등학교에 진학했다. 그러나 그곳에서 '넘사벽' 동기들을 만난 후 결국 다른 곳으로 진로를 바꾸었다.

한편 그 '넘사벽' 동기들은 컴퓨터 관련 전공을 선택해 그와 관련한 일을 업으로 삼고 있다. 그들 중 한 명은 나도 잘 알고 있는 친구다. 동생이 학창 시절 존경해 마지않았을 정도로 컴퓨터를 잘 다루었던 남학생이었다. 그 친구는 학창 시절 컴퓨터 관련 공모전에서 상이란 상은 다 휩쓸었고 좋은 대학을 졸업했다. 그런데 일자리를 구할 때부터 일이 잘 풀리지 않더니 지금도 여전히 본인의 커리어에 만족하지 못하며 이직 준비를 한다고 들었다.

나와 내 동생은 그 친구에 대해 종종 이야기를 나누는데 그 친구는 컴퓨터만 잘하기 때문에 커리어에 한계가 생긴 거라고 결론지었다. 앞서 언급했듯 이는 많은 기업이 실제 겪고 있는 고충이기도 하다. 학교나 기업에 기술을 뛰어나게 다루는 친구들이 많음에도 불구하고 관리자가 이들에게 항상 2% 부족하다고 느끼는 이유는 그들이 기술만 잘 다루기 때문이다. 즉, 진정한 고수는 방향을 잡고 기술을 제대로 써야 하는데 이들은 적이 어디에 있는지, 어떤 특징을 가졌는지 적에 대해 자세히 확인하지 않은 채 기술을 썼던 것이다.

그렇다면 방향을 알고 기술을 제대로 사용한다는 것은 어떤 뜻일까? 앞서 연이어 강조했던 문제 해결, 사회공헌이다. 즉 생활 속에서 문제를 발견하고, 문제 해결을 통해 주변 사람들이나 사회의 다양한 구성원에게 도움을 주는 방향으로 본인이 갈고닦은 기술을 구사해야 한다는 뜻이다. 얼마 전 연수차 방문했던 서울과학전시관에서 공모전 수상작을 구경할 기회가 있었는데 그중 하나를 예로 들어 볼까 한다. '아두이노 및 앱인벤터를 이용한 독거노인 고독사 방지 연구'다. 고등학교 2학년 학생의 작품이었다.

최근 학교에서 아두이노와 앱인벤터를 활용한 교육을 많이 한다. 같은 교육을 받더라도 누군가는 아두이노, 앱인벤터의 사용법을 익히기 위해 골몰하고 이를 잘 활용하는 것에 만족하는가 하면, 또 다른 누군가는 학교에서 배운 기술로 어떤 문제를 해결할 수 있을지 고민한다.

세상의 셀 수 없이 많은 문제 중 고령화 사회라는 시급하고 중대한 문제를 골라내고 그중에서도 독거 노인의 고독사라는 세부적인 주제를 끌어내는 것이다. 그리고 본인이 습득한 기술을 이용해 해결하려 고민하고 시도해 결과물을 만들어 낸다. 이것이 같은 기술을 연마하더라도 방향을 알고 쓰는 자와 그렇지 않은 자의 차이다.

3부

미래를 내다보는 자녀 교육, 실전은 이렇게

8장

부모부터
독하게 달라져야 한다

부모여, 각오하라

모든 것이 그러하듯 세상에 공짜로 되는 것은 아무것도 없다. 자녀 교육을 잘하고자 마음먹었다면, 우리 아이에게 미래 역량을 길러 주겠다고 단단히 결심했다면 부모 또한 독하게 노력해야 한다. 특히 성적 위주의 공부 방식에서 과감히 탈피하여 자녀 교육을 새롭게 하고자 마음먹었다면 부모의 노력은 배가 되어야 하지 않을까? 자녀가 좋은 성적을 받게 하는 것은 차라리 쉽다. 돈을 들여 강사진과 교재, 커리큘럼이 우수한 학원에 보내고, 개인 과외를 시키고, 엄마가 자녀의 시간 관리를 철저히 하여 아이가 다른 곳에 시간을 허투루 쓰지 않게 하고, 오로지 학업에만 집중할 환경을 만들어 주면 된다.

그러나 자신의 주변에서 그간 놓치고 있던 문제를 발견하여 이를 사회에 기여하는 방식으로 해결하며 공헌하는 인재를 기르고, 바른 인성으로 타인과 원활히 소통하며 협업하는 역량까지 기르기 위해선 학원도 고액 과외도 큰 도움이 되지 않을 것이다. 아직 이러한 교육을 중점적으로 하는 사교육 기관도 없기에 가정에서의 부모의 역할이 중요하다.

부모 또한 학업을 중시하는 전통 교육을 받아서 미래 역량을 기르기 위해 어떻게 교육해야 하는지 감이 잘 오지 않을 것이다. 따라서 부모가 미래 역량을 길러 주기 위해 새로운 교육을 도입하겠다는 마음을 먹었다면 기존의 엄마표 교육보다 더 큰 각오를 하고 부모 역시 기존 교육에 대한 틀을 과감히 깰 준비가 되어 있어야 한다. 자, 이제 각오를 단단히 했다면 이 책에 제시한 구체적인 방법을 따르며 차근차근 교육해 보자.

그러나 오해는 금물

미래 역량을 기르는 자녀 교육을 하기에 앞서 오해하지 말아야 할 사실이 있다. 문제 해결력, 협업 능력, 소통 능력, 4차 산업의 핵심 기술을 활용하는 능력을 기르는 것이 교과 공부를 게을리하는 것을 의미하지 않는다는 점이다. 입시와 취업이 시험과 성적위주에서 역량을 평가하는 것으로 바뀐다 해도 여전히 교과 공부는 중요하다. 아이들의 글쓰기를 지도하는 과정에 빗대어 설명하면 이해가 좀 더 쉬울 듯하다.

요즘 글쓰기에 대한 학부모의 관심이 매우 뜨겁다. 집에서 자녀의 글쓰기를 지도해 주는 부모도 많다. 그런데 글쓰기 지도 과정에서 한 가지 아쉬운 점은 맞춤법 교정에 중점을 두는 부모가 꽤 많다는 점이다. 물론 맞춤법에 맞게 글을 쓰는 것은 중요하다. 그러나 글쓰기의 본질은 나의 생각을 글로 표현하여 타인에게 효과적으로 전달하는 것이다. 따라서 나의 생각을 어떻게 하면 다양한 글감으로 표현할지, 생각을 어떻게 논리적, 개성적, 창의적으로 구성할지, 어떻게 하면 독자의 흥미와 관심을 불러일으키는 글을 쓸지 등에 우선순위를 두어 지도해야 한다. 맞춤법 교정은 그 뒤에 해도 늦지 않는다.

하물며 초등학생 때나 연필로 공책에 글을 쓰지 중학생만 돼도 컴퓨터 워드 프로그램으로 글을 쓴다. 이러한 프로그램은 자동으로 맞춤법을 교정해 주기에 기술의 도움을 충분히 받을 수 있다. 연필로 공책에 글을 쓸 때도 긴가민가한 맞춤법은 인터넷에서 정보를 찾아 교정하면 그만이다.

그런데 빨간 펜을 들고 틀린 글자에 밑줄을 그으며 글을 수정하도록 하는 부모가 많다. 그러면 다양한 내용을 떠올려 어렵지 않게 창의적으로 글을 쓰던 아이들이 맞춤법에 지나치게 주의를 기울이는 나머지 글쓰기 행위에 흥미를 잃을 수 있다.

교과 공부도 이와 다르지 않다. 내용을 정확히 암기하여 문제를 맞춰야 하는 시험공부용 학습에 부모가 중점을 둘 경우, 아이들은 평소 아무리 교과 내용에 흥미를 가지고 잘 이해하고 있더라도 문제를 틀리는 순간 부모에게 꾸중을 듣는다. 실수도 실력이라는 둥, 너는 이것도 기억을 못하냐는 둥, 공부를 제대로 했냐는 둥 잔소리 공격도 감내해야 한다. 그리고 아이들은 이내 교과서 내용을 달달 외우고 이를 기억해 문제를 정확히 맞히는 데 집중하는 공부를 하게 된다. 예전에는 흐름을 이해하며 재미있게 익히던 교과 내용이 전부 암기 대상으로 전락하는 순간 아이들은 학습에 대한 흥미도 함께 잃을 우려가 있다. 과연 이렇게 교과서의 내용을 암기하고 그대로 문제를 맞히는 학습이 의미가 있을까?

5학년 2학기 사회 과목에서 아이들은 우리나라의 역사를 배운다. 국사는 참 재미있는 과목임에도 불구하고 시험 공부를 할 때 최악의 과목으로 전락한다. 시기별로 어떤 일이 있었는지, 어떤 인물이 활약했는지, 어떤 문화유산이 있었는지, 사건의 순서는 어떠했는지 등 외워야 할 것이 어마어마하기 때문이다. 실제로 눈을 반짝이며 흥미롭게 수업을 듣던 아이들이 시험을 본다 하면 매우 힘들어 하는 과목이 국사이기도 하다.

국사 과목의 사소한 내용을 암기하는 것이 의미가 있을까? 수업 시간에 내용을 잘 이해하고 굵직굵직한 큰 줄기 정도만 제대로 말할 수 있는 정도라면 세부적인 내용은 궁금할 때마다 인터넷에서 확인하면 되지 않을까? 그보다는 국사에서 배운 내용을 문제 해결에 필요한 새로운 아이디어로 발전시키는 능력이 훨씬 중요하게 다루어져야 할 것이다.

예를 들면 통일 신라 시대의 문화유산을 배우는 부분에서 석굴

암이 어떻게 지금까지 잘 보존될 수 있었는지 과학적 원리에 대한 설명이 나온다. 이러한 지식을 암기할 대상으로 여기고, 지금과 전혀 상관없는 내용이라고 치부하기보다 이때 배운 내용을 잘 기억해 문제를 해결하는 아이디어로 활용할 수 있어야 한다. 실생활에서 습기로 인한 문제를 발견하고 이를 해결하고 싶다는 생각이 들었다면 혹은 이 주제로 과학 공모전에 작품을 출품하고자 마음먹었다면 문제 해결 방안으로 국사 시간에 배웠던 석굴암을 떠올리는 것이다.

수업 시간에 이해를 잘했으나 구체적인 내용까지 기억이 나지 않는다면 인터넷에서 조사하며 기억을 상기할 수 있다. 수업 시간에 이해하고 넘어갔던 부분이기에 인터넷 자료의 내용을 쉽게 파악할 수 있을 것이다. 이렇듯 석굴암의 원리에서 실마리를 얻고 이를 변형하여 습기 문제를 해결하는 새로운 아이디어를 얻을 수 있다.

실제로 이 방식으로 교과 내용을 접목해 문제를 해결한 사례가 있다. 국립중앙박물관에서는 다양한 굿즈를 판매하는데 이 중 고려청자 에어팟 케이스의 인기가 대단했다. 에어팟이 출시되며 전 세계에서 다양한 에어팟 케이스 디자인이 쏟아졌고, 디자인 홍수 속에서 어떤 차별성을 두어 나만의 디자인을 만들 것인지 문제를 해결해야 할 때 학창 시절에 배운 교과 내용을 떠올려 보는 것이다. 머릿속에 고려청자를 떠올리고 고려청자의 상감기법에 영감을 얻어 이를 현대적으로 재해석해 에어팟 케이스 디자인에 적용해 문제를 해결한 사례다.

이처럼 아이들이 교과 공부를 할 때 지금 배우는 내용을 어떻게 실생활 문제 해결에 적용할 수 있을지 생각해 보고, 창의적인 아이디어로 발전시킨 뒤 이를 충분히 연습하는 것이 좋다.

이야기를 정리해 보면, 학교에서 배우는 교과 학습은 중요하다. 미래 역량을 기른다고 해서 결코 등한시할 수 없는 부분이다. 교과 학습의 목적은 다양한 아이디어를 얻고 문제 해결에 직접적으로 활용하기 위함이지 교과 내용 자체를 암기하고 이를 떠올려 문제를 맞히기 위함이 아니다. 부모 역시 아이들의 교과 학습을 지도할 때 이 방향성을 잘 이해하고 있어야 할 것이다.

아이들이 시험에서 당장 고득점을 받아오면 기분이 좋은 것은 어쩔 수 없다. 평소 학습 내용을 잘 이해하고 교과 과목에 흥미도 보이는 자녀가 기대치보다 낮은 점수를 받아 오면 평소 실력 발휘를 제대로 하지 못한 것 같아 속상하고, 실망하는 것 역시 충분히 이해가 된다.

그러나 자녀 교육은 길게 봐야 한다. 당장 자녀의 성적에 흔들려 아이에게 잔소리하고 틀린 문제로 꾸중하기보다 학습 내용을 잘 이해하고 있는지 살피고 실수를 했다면 실수하지 않게 격려하는 정도면 충분하다.

나의 주변에 관심을 갖고 문제를 발견하여 이를 해결하는 연습을 계속하는 아이들은 결국 뇌가 활성화된다. 호기심이 왕성해지고 이를 해결하기 위해 자신의 온갖 지식을 발동하기 시작한다. 문제와 관련된 여러 교과의 지식과 개념도 스스로 찾아 공부하기 때문에 다방면의 지식이 머릿속에도 자연히 남는다. 이렇게 공부한 아이들은 공부의 재미, 공부의 유용함, 공부의 당위성을 깨닫는 것은 물론 스스로 필요한 공부를 계속 찾아가며 공부하는 자기주도성, 평생 학습 역량까지 기르게 될 것이다.

부모도 책 책 책!

학창 시절 시험을 보던 기억을 떠올려 보자. 아마 다수가 국어 시험은 크게 부담을 느끼지 않았던 반면 수학, 영어 시험은 어려워했을 것이다. 우리 때에는 국어는 쉽게 점수를 얻을 수 있는 과목, 일종의 쉬어 가는 과목이었다면 수학과 영어는 기를 쓰고 공부해야 하는 과목이었다. 그런데 요즘은 아이들이 어릴 적부터 영어 교육을 워낙 철저하게 받다 보니 공부를 좀 한다 싶은 아이들은 내신이든 수능이든 영어 만점을 기본으로 받고 간다고 한다. 수학 공부에 대한 열의는 예나 지금이나 마찬가지다.

반면 요즘 아이들의 국어 능력은 우리 때에 비하면 많이 떨어져 있다. 어릴 적부터 유튜브 등 자극적인 미디어에 노출되는 시간이 많고, 이러한 콘텐츠들은 대부분 재생 시간이 짧은 '숏폼(short form)' 형식으로 되어 있어 아이들은 긴 콘텐츠에 쉽게 집중하지 못하고 자극적이지 않은 것에는 금방 흥미를 잃는다.

이런 요즘 아이들에게 독서는 어려운 것이 되어 버렸다. 이러한 상황을 반영하듯 영어, 수학이 아닌 국어가 입시 당락을 좌우하는 과목이 되고 초등학교에서도 역시 국어 시험의 평균점수보다 수학 시험의 평균점수가 높은 새로운 현상이 발생하고 있기도 하다.

여기에 더해 아이들의 문해력 저하에 대한 〈EBS〉 다큐가 인기를 끌면서 지금 대한민국에는 문해력 교육에 대한 열풍이 불고 있다. 그런데 아이들에게는 그토록 책 읽기를 강요하면서 부모들은 책을 열심히 읽고 있을까? 우리 반 학생 중 한 명이 글쓰기 공책에 이런 말을 쓴 적이 있다.

"엄마 아빠는 매일 집에서 핸드폰만 하는데 나한테는 자꾸 책을 읽으라고 하신다. 엄마 아빠도 책을 읽어야 한다."

자녀가 미래 역량을 길러 미래를 주도하고 행복하게 살길 원한다면 부모 역시 열심히 책을 읽어 보는 것은 어떨까? 앞서 언급했듯 시험과 성적 위주의 공부 방식에서 탈피해 미래 역량을 길러주는 교육을 하기 위해선 부모가 평소보다 많은 노력을 기울여야 한다. 특히 미래 역량을 기르는 데 중점을 두는 사교육 기관도 없고, 시중의 자녀 교육법, 엄마표 교육에서 다루는 내용도 상당수가 성적 위주의 학습에 집중되어 있기에 자녀의 미래 역량을 길러주기 위해선 부모가 스스로 공부하고 방법을 찾는 과정을 거쳐야 한다.

부모는 어디서 미래 역량을 기르는 교육에 대한 정보를 얻고 방향을 설정하고 아이의 교육을 이끌 수 있을까? 그 답은 책에서 찾을 수 있다. 이것이 부모가 아이들 이상으로 열심히 책을 읽어야 하는 이유다.

그렇다면 어떤 책을 통해 도움을 얻을 수 있을까? 에세이, 소설, 자녀 교육서 모두 좋은 책이지만 이왕 아이의 교육에 팔을 걷어붙이기로 마음먹었다면 평소에 좋아하던 분야의 책 말고 다른 분야의 책도 읽어 보길 바란다. 우선 빠르게 돌아가는 트렌드를 파악하고 미래를 예측하기 위해서는 트렌드를 정리해 놓은 책이 도움이 될 수 있다. 매년 초에는 그 해에 어떤 트렌드가 유행할지 예측하여 일목요연하게 정리한 책이 많이 출간된다. 대표적인 책이 《트렌드 코리아》(김난도 외 4인, 미래의 창) 시리즈다. 세상이 매우 빠르게 변하기 때문에 '아차' 하는 순간 내가 알고 있던 것은 구시대의 유물로 전락해 버린다.

트렌드를 다룬 책을 보며 변화하는 세상에 지속적으로 관심을 두어야 한다. 트렌드와 관련한 책을 읽으면 인터넷 뉴스나 TV 뉴스를 볼 때에도 더 많은 내용이 들어오고, 그중에서 더욱 중요하게 다루어지는 키워드를 발견할 수 있을 것이다. 예를 들어 '메타버스', 'ESG', '인공지능' 같은 키워드가 특히 많이 언급된 것 같다면 이와 관련한 책을 읽어 보는 식으로 독서의 범주를 계속 확장해 나갈 수 있다.

그다음으로 추천하고 싶은 책은 글로벌 기업의 혁신적 사고를 다루는 경제경영서다. 글로벌 기업들은 전 세계가 당면한 문제를 가장 혁신적인 방법으로 해결한 아이디어의 메카다. 이들은 어떤 방법으로 아이디어를 떠올려 혁신을 이뤘는지 그 방법과 과정을 탐색하는 일에 큰 도움이 된다.

이와 더불어 글로벌 기업에서 원하는 인재상, 거기서 일하는 인재들의 이야기를 다룬 자기계발서도 앞으로 우리 자녀에게 필요한 미래 역량이 무엇인지 이해하는 데 도움이 된다. 예를 들어 넷플릭스에 대해 다루었던 《규칙 없음》, 아마존에 대해 다룬 《순서 파괴》, 25년간 만난 세계 최고 인재들에 대해 다룬 《생각이 너무 많은 서른 살에게》, 실리콘밸리 인재들을 배출한 스탠퍼드 D스쿨의 교육에 대해 다룬 《인지니어스》, 구글에 대해 다룬 《구글 엔지니어는 이렇게 일한다》와 같은 책들이 있다.

'미래 교육' 키워드로 검색했을 때 나오는 도서도 추천한다. 온라인 서점에 미래 교육이라는 단어를 검색해 보면 엄청난 양의 책을 보게 될 것이다. 여러 명의 저자가 학술대회, 정책연구발표 등에서 언급했던 내용을 엮어 놓은 것이나 각종 매체에 기고한 내용을 모아 엮어 놓은 것도 있는데 이러한 책들은 내용이 다소 딱딱하고 어렵게 느껴질 수 있다. 또한 교사를 대상으로 저술되었거나 대학 강의 교재용으로 쓰인 책도 있으니 목차를 꼼꼼히 살피고 대중적으로 쓰인 책을 읽어 볼 것을 추천한다. 이러한 책들을 읽으면 특정한 학교명이나 교육 방법 등이 사례로 자주 언급되는 것을 볼 수 있을 것이다. 예를 들어 '미네르바 스쿨', '디자인 싱킹' 등의 단어가 자주 보였다면 이제는 이 키워드들로 검색하여 관련 책을 읽어 보는 방식으로 독서의 범위를 넓혀 나가자.

미라클 모닝,
진짜 기적이 열린다

　부모는 언제 책을 읽을 수 있을까? 사실 책 읽을 시간이 좀처럼 나지 않는다. 아이를 키우며 일하는 경우는 더더욱 그렇다. 주말에 책 한 줄이라도 읽어 보겠노라 마음먹지만 이 또한 쉽지 않다. 나는 책 읽는 시간이 필요한 부모들에게 아침 시간을 적극 추천하고 싶다.

　'미라클 모닝'이라는 말을 들어 본 적이 있을 것이다. 《미라클 모닝》이라는 책은 나온 지 꽤 되었는데 우리나라에선 근래 들어 더욱 열풍이 부는 듯하다. 《나의 하루는 4시 30분에 시작된다》, 《하루를 48시간으로 사는 마법》 등의 책이 베스트셀러 목록에 오르는 것을 봐도 아침에 무언가를 이루기 위한 사람들의 관심이 부쩍 커진 것 같다.

나는 2019년부터 미라클 모닝을 실천해 오고 있다. 아기를 낳고 3개월 만에 바로 복직해 일과 육아를 병행하다 보니 혼자만의 시간이 절실했다. 그렇게 찾아낸 틈새 시간이 아침이었다. 4시 30분에 일어나 업무를 시작하는 8시 30분 전까지 혼자만의 오롯한 시간을 만끽한다. 처음엔 아침 일찍 일어나는 것이 여간 힘든 게 아니었지만 고요한 아침에 온전히 혼자만의 자유를 누리는 시간의 행복을 깨닫기 시작하면서부터 눈이 절로 떠졌다. 이 시간 동안 나는 책을 읽고 글을 써 책을 출간하기도 했다. 지금 이 글을 쓰는 시간 역시 업무 전 이른 아침이다.

아침 일찍 일어나 책을 읽어 볼 것을 꼭 추천하고 싶다. 너무 일찍 일어날 필요는 없다. 평소보다 딱 30분만 일찍 일어나 책을 읽어 보자. 이 30분이 모이고 쌓여 책 한 권을 읽게 되고 그렇게 책 한 권 한 권이 쌓이면 1년 동안 꽤 많은 책을 읽을 수 있다. 또한 이러한 과정은 성취감과 작은 일상 속 행복도 가져다준다. 30분 일찍 일어나던 것에서 1시간을 일찍 일어나게 되고 그렇게 독서 시간이 늘어날 것이다. 또한 그 시간 동안 독서 외에 자녀 교육이나 나를 위한 공부를 위해 새로운 목표를 세울지도 모른다.

업무 중, 점심시간, 퇴근 후에 책을 읽으려 다짐했지만 실천의 벽에 부딪친 적이 다들 있을 것이다. 업무 중엔 바쁜 일들이 머릿속에 떠올라 책을 읽으면서도 마음이 조급하고 집중이 잘되지 않고, 점심시간엔 책을 펴도 졸음이 밀려오는 탓이다. 퇴근 후에는 책을 읽을 수 있는 에너지도 없거니와 각종 집안일, 육아가 기다리고 있다. 잠들기 전 10분이라도 책을 읽어야지 하고 마음을 먹지만 푹신한 침대와 스마트폰의 유혹에서 책을 펴기란 쉽지 않다.

그러니 아침이 적기다. 딱 30분만 일찍 일어나 책을 읽어 보자. 아침에 일어나 책을 읽을 때 처음에는 잠이 덜 깨 비몽사몽한 상태일 수 있다. 나는 새벽에 일어나서 모든 출근 준비를 마치고 일찍 출근해 직장에서 미라클 모닝을 실천한다. 출근하는 동안 잠이 깨고, 아무도 없는 직장에서 모닝커피와 함께 독서를 하는 순간 뇌가 깨어나 맑은 상태가 된다. 아침 30분 독서는 부모들에게 꼭 추천하고 싶다.

부모여,
예민해져라!

《인지니어스》(티나 실리그, 김소희 옮김, 리더스북, 2017)라는 책에서 본 데이비드 프라이드버그의 이야기를 잠깐 해 보려 한다. 그는 구글에서 일하는 동안 자가용으로 출퇴근을 했다. 출퇴근길에는 자전거 대여점이 있었는데 그는 비가 오는 날엔 유독 자전거 대여점에 손님이 저조하다는 사실을 발견했다. 프라이드버그는 자전거 대여점뿐 아니라 날씨에 영향을 받는 많은 직종이 있음을 확인한 뒤 이들을 위한 날씨 보험을 만들기로 했다. 그렇게 그는 구글을 떠나 날씨에 따른 손해를 보상해 주는 회사를 설립했다.

프라이드버그와 동일한 출퇴근길을 오가던 사람은 무수히 많았을 것이다. 그러나 프라이드버그는 출퇴근길을 의식 없이 오가지 않았다. 그는 남들이 미처 발견하지 못한 자전거 대여소의 문제를 발견하고 이에 착안해 회사까지 설립했다. 어디 이뿐이겠는가. 세상은 조금만 예민하게 바라보면 아직 발견되지 않은 문제가 가득하고 이를 해결할 기회가 넘쳐난다. 그러나 사람들은 이 수많은 기회를 쉽게 발견하지 못 한다.

우선 생활 속에서 문제를 발견해야 해결도 하고 협업도 하고 공동체에 기여도 할 수 있을 텐데 생활 속에서 문제를 발견하는 일은 좀처럼 쉽지 않다. 더욱이 아직 어린 자녀들이 스스로 생활 속 문제를 발견해 내기란 어려울 것이다. 따라서 부모가 먼저 예민한 눈을 갖고 적극적으로 생활 속 문제를 찾아야 한다. 부모가 문제를 발견하는 눈을 가져야 아이들을 끌어 줄 수 있기 때문이다. 이제부터는 평소 당연하게 생각했던 것에 의문을 가지고, 생활 속 불편함에 촉을 곤두세워 보는 것이 어떨까?

예를 들어 평소와 다른 관점으로 내 아이가 친구들과 노는 방식만 보더라도 문제를 발견할 수 있다. '아이가 친구들이랑 놀 때 마라탕을 먹으러 간 뒤 함께 노래방에 가네? 아이답게 놀 방법은 없을까? 10대 청소년을 위한 건전한 공간은 없을까? 10대의 여가를 위한 아이디어를 낸다면 어떤 아이디어가 있을까?' 이런 식으로 부모 역시 자꾸 생활 속 문제에 대해 생각하는 습관을 가지는 것이다.

부모 역시 타인과 사회를 위해 어떻게 하면 공헌할 수 있을지 생각하고 작은 것이라도 문제를 해결해 도움을 주려 노력해야 한다. 예를 들어 '배달 음식, 택배들로 쓰레기가 어마어마하게 나오는데 이를 줄일 방법은 없을까? 쓰레기를 줄이기 위해 실천할 수 있는 일이 있을까?' 하는 식으로 말이다.

이 문제를 해결하기 위해 인터넷에서 조사를 하면 '제로 웨이스트' 가게를 발견하거나, 일회용 포장 용기 대신 집에서 가져온 용기를 사용할 수 있다는 사실을 알게 될 것이다. 이것이 부모의 작은 실천으로 이어지는 것이다. 부모부터 이러한 시각으로 세상을 바라보고 실천한다면 점차 생활 속에서 다양한 문제를 발견하는 눈을 키울 수 있다. 그러한 부모의 시각은 자녀에게도 고스란히 전달될 것이다.

메모는 나의 힘

생활 속에서 문제를 발견하겠다는 마음을 먹고 주변을 둘러보면 의외로 많은 아이디어가 떠오를 것이다. 당장 문제를 해결할 수 없다 하더라도 머릿속에 떠오른 문제의식을 그대로 흘러보내지 말고 기록해 두자.

요즘은 스마트폰 앱이 워낙 잘 발달되어 있어 좋은 메모 앱이 많다. 그중 추천하고 싶은 앱은 '구글킵'이다. 그때그때 떠오르는 생각을 글로 입력할 수 있고, 현장이나 장면을 바로 사진 찍어 글과 함께 기록해 둘 수도 있으며, 라벨링까지 할 수 있어 비슷한 내용끼리 구분할 수 있다.

예를 들어 아이와 놀이공원에 간 상황을 가정해 보자. 놀이기구를 타기 위해 한참 기다리는 것이 너무 지루할 때 어떻게 하면 덜 지루하게 기다릴 수 있을까? 기다리는 사람들을 위한 서비스를 개발해 보면 어떨까? 줄을 서지 않고 놀이기구를 타는 방법은 없을까? 등등 여러 가지 생각을 할 수 있다. 이러한 생각을 메모 앱에 적고 차례를 기다리고 있는 사람들의 사진도 함께 찍은 뒤 '놀이공원'이라는 라벨링을 해 아이디어를 정리하는 것이다.

가족이 모두 식사를 하러 식당에 간 상황도 떠올려 보자. 아기와 동행한 가족을 보니 부모들이 대부분 아기에게 스마트폰을 틀어 준 뒤 밥을 먹고 있다. 이 경우 어떻게 하면 스마트폰 없이 어린 자녀와 부모가 즐겁게 식사할 수 있을지, 식당 차원에서 어린 자녀를 둔 부모가 편히 식사할 수 있도록 별도의 서비스를 마련할 수는 없을지 여러 생각을 할 수 있다. 이러한 생각을 흘려보내지 말고 메모 앱을 켜서 기록해 두자. 스마트폰을 집중해서 보는 아이의 사진과 함께 '육아'라는 라벨링을 해 둔다.

이런 식으로 메모가 쌓이면 '놀이공원', '육아', '노인 문제', '환경' 등 여러 목록이 생기고 목록마다 생생한 실생활 문제가 담길 것이다. 또한 메모 습관을 기르면 인터넷 뉴스나 유튜브 동영상 등을 볼 때도 자신이 했던 메모를 떠올리고 해당 메모에 관련된 콘텐츠 목록을 계속해서 덧붙이게 된다.

환경문제에 관한 뉴스를 발견했을 때엔 해당 뉴스 링크를 기존

환경 관련 메모에 추가하고, 노인 문제에 관한 뉴스나 혁신적인 해결 방법에 관한 소식을 발견했을 때엔 해당 게시물 링크를 기존 노인 관련 메모에 추가하는 식이다.

이렇게 메모 앱에 생활 속 문제와 그에 대한 자료, 해결책에 대한 소식들이 점점 쌓이면 생활 속에서 문제를 발견하는 안목을 키울 수 있는 것은 물론 다양한 아이디어를 떠올릴 힘도 얻을 것이다.

이는 영화에 대한 소식을 접했을 때나 책을 읽을 때도 마찬가지다. 예를 들어 동물 복지와 관련된 영화를 보았거나 영화 소개 프로그램에서 이러한 영화를 알게 되었다면 해당 영화 제목을 메모앱의 '동물 복지' 카테고리에 추가하는 것이다.

책을 읽을 때도 그동안 내가 메모해 두었던 다양한 영역의 내용을 발견하면, 그때마다 책의 페이지를 사진 찍고 기존에 메모해 두었던 내용과 관련 있는 카테고리에 책 페이지 사진을 추가한다.

이런 식으로 메모를 일상화하면 다양한 영역에 메모가 차곡차곡 쌓인다. 부모가 이러한 방식으로 실생활에서 문제를 찾고 이에 대한 아이디어를 수집하는 과정을 거치면 노하우를 고스란히 자녀에게 전해줄 수 있다. 또한 부모가 쌓아 둔 메모는 추후 아이와 문제 해결을 함께 연습할 때도 풍부한 아이디어의 원천이 되고 엄마표 교육의 다양한 재료가 될 것이다.

9장

문제 해결 능력이 있는
아이로 키우자

문제 해결,
사소한 대화에서 시작하라

　문제 해결력을 키우려면 평소 당연하게 여기던 일상을 좀 더 다른 시각으로 보고 우리 주변에서 개선할 점, 불편한 점 등을 발견해야 하는데 의외로 많은 아이가 이 점을 어려워한다. 학교에서 아이들과 수업을 할 때도 생활 속 문제를 발견해 오는 과제를 자주 내주곤 한다. 이에 대한 연습이 되어 있지 않은 대부분의 아이들은 "선생님, 저는 딱히 생활 속에서 불편한 점이 없는데요?", "글쎄요. 큰 문제점을 못 느끼겠어요.", "선생님 잘 모르겠어요."라고 이야기하며 문제를 발견하지 못한다.

　자녀에게 문제를 발견하는 눈을 길러 주기 위해서는 일상 속 대화부터 부모가 의식적으로 바꾸어 나가는 것이 도움이 된다. 그동안의 일상을 다른 시각으로 살펴보고 그 속에서 문제를 발견하는 힘을 길러 주기 위해 부모는 아이에게 꾸준한 자극을 주고 이러한 사고를 습관화할 수 있도록 도와주어야 한다.

예를 들어 집에 배송된 택배 하나를 통해서도 많은 대화를 주고받을 수 있다. 립밤 하나를 주문했는데 이렇게 큰 비닐 소재의 포장지에 배송되는 것이 괜찮은 걸까? 이런 포장지는 잘 썩지도 않아 환경오염을 유발한다고 들었는데 다른 방법은 없을까? 집 앞에 택배용 바구니를 설치해 두고 그곳에 물건만 배송해 주는 방법은 어떨까? 포장지 없이 물건만 배송될 경우 택배 트럭 안에서의 파손은 어떻게 피할 수 있을까? 등등 꼬리에 꼬리를 물고 아이와 대화를 이어 나갈 수 있다.

아이와 책상에 앉아 문제 해결력을 길러 보겠노라며 진지하게 수업하는 것이 아니라 일상생활 곳곳에서 이러한 대화를 자연스럽게 나누며 세상을 바라보는 아이의 태도를 바꿔 줄 수 있다.

새로운 서비스나 기술이 출시되었을 때도 마찬가지다. 이를 소재로 다양한 대화를 나눌 수 있다. 이때 이야기의 핵심은 새로운 서비스나 기술이 어떤 생활 속 문제를 포착해 이를 해결하고 보완하기 위해 출시되었는가 하는 점이다.

예를 들어 반으로 접을 수 있는 새로운 폴더블 폰이 출시돼 연일 화제가 되는 상황을 생각해 보자. 이에 대해 아이와 많은 이야기를 나눠 보는 것이다. 폴더블 폰을 개발한 이유는 무엇일까? 기존 스마트폰에서 어떤 불편과 문제점을 느껴 접는 스마트폰을 개발한 걸까? 사람들은 왜 접는 스마트폰에 열광할까? 앞으로는 접는 스마트폰에서 또 어떤 스마트폰으로 진화할 것인가? 내가 스마트폰을 개발하면 어떠한 스마트폰을 개발하고 싶은가? 그 이유는 무엇인가 등등 무궁무진한 이야기를 할 수 있다. 사소해 보이는 가벼운 대화를 꾸준히 반복하면 새로운 서비스나 기술을 바라보는 아이의 시각은 점차 달라질 것이다.

부모가 주제를 정하고 그에 대한 이야기를 끌어갈 수도 있다. 예를 들어 부모가 책에서 자율주행 자동차 이야기를 인상 깊게 읽었다고 해 보자. 자율주행 자동차가 상용화 돼 사람들이 운전에서 자유로워지면 자동차는 단순한 이동 수단 이상의 여가 공간으로 변모한다는 부분을 특히 의미 있게 받아들였다면 이러한 이야기를 자녀에게 들려주고 미래 자동차의 모습을 함께 생각해 본다.

미래 자동차에서 사람들은 무엇을 할까? 큰 테이블이 펼쳐지는 자동차 안에서 가족들이 보드게임을 하며 이동하고, 맛있는 음식을 먹고 영화를 감상하며 장거리를 이동하는 건 아닐지, 자동차 내부가 사무실처럼 변신해서 바쁜 직장인들이 차 안에서도 업무를 보는 건 아닐지 다양한 상상의 날개를 펼칠 수 있다. 자율주행 자동차를 만드는 회사에서는 이러한 미래에 대비해 자동차 안에서 할 수 있는 어떤 새로운 서비스와 아이디어를 개발 중인지 정보를 찾아 함께 살펴볼 수도 있다.

　이렇게 평소 다양한 분야에 여러 상상과 아이디어를 펼쳐 본 아이들은 추후 어떠한 상황에서든 관련된 질문을 받았을 때 창의적인 아이디어와 문제 해결 대안을 막힘없이 쏟아낼 것이다. 예를 들어 자동차 회사의 면접에서 자율주행 자동차 관련 질문을 받았다고 생각해 보자. 평소 이런 고민과 생각을 많이 해 왔던 학생들은 짧은 시간 안에 질문에 대한 답을 술술 이야기할 것이다.

　마지막으로 문제 해결 방법에 대한 이야기도 아이와 함께 나눌 수 있다. 부모나 아이 모두 기술에 대해 자세하게 알지 못해도 좋다. 예를 들어 폴더블 폰을 만들기 위해서는 무엇보다 스마트폰 화면에 적합하면서도 휘어질 수 있는 소재 개발이 중요한데 새로운 소재를 개발하고 연구하는 산업이 있다고 말해 줄 수 있다. 또한 버려지는 옷을 최소화하기 위한 친환경 의류 개발 산업, 나무를 보호하기 위해 나무 대신 돌로 종이를 만드는 '미네랄 페이퍼' 기술 등에 대해서도 이야기할 수 있다.

　이러한 이야기를 함께 나눔으로써 아이는 세상에 참으로 다양한 분야와 학문이 있음을 알게 되고 각 분야에서 치열한 연구가 이루어진다는 것을 깨닫는다. 또한 신기술이 개발된 영감의 원천을 살펴보며 아이디어를 발전시키는 방법도 배울 수 있다. 얕게나마 여러 분야의 기술을 살펴봄으로써 특히 관심이 가는 분야를 탐색하고 진로를 선택하는 데도 도움이 될 것이다.

아이에게도
메모하는 습관을 길러 주자

아이와의 일상 대화를 부모가 의식적으로 바꾸어 나가기 시작했다면 아이는 이러한 대화에 점차 익숙해지고 생활 속 문제를 스스로 발견할 준비가 될 것이다. 그렇다면 이제는 부모가 발견한 문제와 책에서 읽은 내용을 자녀에게 들려주는 방식에서 더 나아가 아이가 주도적으로 문제를 발견할 수 있도록 도와주어야 한다.

가장 쉬운 방법은 아이에게도 일상 속에서 떠오르는 생각을 그때그때 메모하도록 안내하는 것이다. 부모가 사용하는 메모 앱을 자녀에게도 설치해 준 뒤 부모가 메모하는 방식을 자녀에게 차근차근 알려 주자. 평소 생활하면서 무언가 불편하거나 귀찮다고 느껴질 때, 기분이 나쁘고 짜증이 나는 등 부정적인 감정이 들 때 그 원인을 찾아 문제점을 발견하고 바로 메모하도록 안내한다. 혹은 학교, 학원, 동네에서 갈등이 일어난 상황, 타인이 불만을 갖는 상황 등을 주의 깊게 관찰하고 이에 대한 문제점도 발견해 메모하도록 알려 준다. 이때 한 가지 팁은 해결 방안에 대해서도 가볍게 생각해 보게 하는 것이다.

우리가 생활 속에서 다양한 문제를 발견하여 적극적으로 메모하고 가볍게나마 해결책도 생각하면 뇌는 우리도 모르는 사이 계속해서 문제 해결책을 찾기 위해 노력한다. 그렇게 무의식적으로 해결책을 생각한 결과가 의식적으로 떠오르는 대표적인 순간이 샤워를 하다가 갑자기 아이디어가 떠올랐을 때다. 그러나 이는 샤워를 할 때 갑자기 아이디어가 떠오른 것이 아니라 문제 해결책을 생각하기 시작한 순간부터 우리의 뇌가 끊임없이 해결책을 찾기 위해 노력한 결과다.

그러니 생활 속에서 문제를 발견하여 그것을 메모 앱에 기록하고 해결책을 가볍게 떠올리는 노력을 한다면 우리의 뇌는 끊임없이 해결책을 떠올려 결국 좋은 아이디어를 생각하게 될 것이다. 물론 아이디어가 번뜩 떠오르는 순간 역시 잊지 않고 바로 앱에 기록해야 한다. 샤워 중에 좋은 아이디어가 떠올랐다면 그 아이디어를 잊지 않기 위해 중얼거리며 기억하고 있다가 샤워를 마친 후 바로 메모 앱에 기록하는 것이다.

메모하는 것이 습관이 되면 아이들의 뇌는 주변에서 문제를 발견하기 위해 노력할 것이고 남들이 쉽게 발견하지 못하는 문제를 쏙쏙 발견할 것이다. 문제 해결책을 찾기 위해 노력하고 번뜩이는 아이디어가 떠오르는 순간을 경험하면 아이들의 뇌는 해결책을 찾는 데 익숙해지며 문제 해결 능력을 갖추게 될 것이다.

그러나 아이들에게 이를 백 번 권유하고 습관화하려 노력해도 처음에는 잘되지 않을 것이다. 그럴 때는 약간의 보상을 사용해도 좋다. 보상은 저학년, 중학년 학생들에게 가장 효과적이지만 고학년 학생들에게도 효과가 꽤 탁월하다. 집에 잘 보이는 공간에 종이를 붙여 두고 아이가 문제를 발견하고 간단한 해결책을 메모할 때마다 스티커를 붙여 보자. 부모와 아이가 함께 기준을 정해 일정한 개수의 스티커를 붙이면 간단한 보상을 준다. 이때 보상 품목은 아이와 부모가 함께 정해 쪽지에 적은 뒤 상자 등에 넣어 둔다. 아이가 일정 개수의 스티커를 모을 때마다 상자에서 쪽지를 뽑아 쪽지에 적힌 보상을 받으면 재미는 배가 될 것이다. 보상의 내용은 고가의 큰 물품보다 주말에 외식하기, 엄마와 공원에서 배드민턴 치기, 치킨 시켜 먹기 등 소소한 내용으로 채우는 것이 좋다.

작은 것부터
직접 해결해 보기

문제 해결력을 기르는 또 다른 좋은 방법은 가정이나 학교에서 문제가 생겼을 때 아이가 이를 직접 해결해 보는 것이다. 그 문제가 매우 일상적이고 소소한 것이어도 좋다. 일상에서 만나는 사소한 문제를 직접 해결해 보는 경험은 아이에게 여러 분야의 실생활 지식을 쌓게 해 준다. "엄마 이거 안 돼. 이것 좀 해 줘." 하며 아이가 들고 오던 것, 아이가 도움을 요청했던 것을 이제는 아이 스스로 해결해 보도록 안내하는 것이다.

예를 들어 아이가 컴퓨터로 과제를 해야 하는데 방법을 몰라 부모님에게 도움을 요청할 때, 옷에 음식을 흘려 얼룩을 지워야 할 때, 샤프를 쓰다 샤프가 막혔을 때, 새로 산 기기가 작동하지 않을 때 등 그야말로 사소한 문제 해결을 스스로 하도록 내버려 두는 것이 좋다. 단, 이때 아이가 문제를 해결할 수 있도록 적절한 도움을 주어야 한다. 인터넷 검색하는 방법을 잘 모를 때엔 어느 사이트에 접속해서 어떤 검색어를 넣어야 정보를 쉽게 찾을 수 있는지, 무수히 많은 정보 중 어떤 정보를 선택하는 것이 좋은지 등 가이드를 제공하는 것이다.

집에서 발생하는 다양한 일을 아이와 함께 해결해 보는 것도 좋다. 예를 들어 LED 등이 수명을 다해서 교체해야 할 경우, 가족이 함께 캠핑을 가서 텐트를 쳐야 하는 경우, 장마철 습기로 집 안에 곰팡이가 핀 경우, 집 안에 새로 들인 화분이 잘 자라지 않는 경우 등 모든 상황이 문제 해결을 연습할 생생한 장이 될 수 있다.

아이들은 이러한 일을 부모와 함께 하며 문제를 해결하기 위한 정보를 스스로 수집하고, 이를 통해 다방면에 여러 지식을 쌓을 수 있으며, 수행 능력까지 기를 수 있다. 그리고 이러한 경험은 창의적인 문제 해결을 하는 데 크나큰 양분이 될 것이다.

학교 과제를 적극 활용하는 것도 추천한다. 학생들에게 과제를 내주면 학원 스케줄과 다른 숙제에 밀려 과제를 급하게 해치우거나 성의 없게 완성하여 제출에만 의의를 두는 학생이 있다. 그러나 학교 과제는 문제 해결을 연습할 수 있는 좋은 기회다. 예를 들어 '발표를 위한 자료를 만들고 발표 연습하기'와 같은 과제는 다수의 청중을 앞에 두고 말하기를 연습하는 좋은 기회다. 이는 학원과 가정에서는 하기 힘든 경험이다. 청중에게 강한 인상을 주는 발표를 하려면 어떤 전략을 사용해야 하는지, 좋은 발표의 기술은 무엇이 있는지, 발표를 잘하는 사람은 어떻게 발표하는지 등 여러 정보를 책이나 영상으로 찾을 수 있고 이러한 과정을 통해 많은 것을 얻을 수 있다.

또한 발표 자료를 만들 때도 보는 이로 하여금 자료가 한눈에 들어오도록 그림과 글은 어떻게 배치해야 하는지, 글자의 크기와 색은 어느 정도로 다양하게 하는 것이 좋은지 등 자료를 찾고 스스로 해 보며 방법을 터득할 수 있다. 이런 모든 과정이 '청중에게 어필하는 발표 방법'이라는 문제를 해결하는 과정이며 아이가 스스로 정보를 찾고 깨닫고 터득하고 실제 발표를 수행해 피드백을 얻는 산 경험이 되는 공부다.

학교에서는 학교에 배정된 예산을 이용해 창의적 체험 활동 시간에 필요한 다양한 준비물을 구입해 학생에게 나누어 준다. 학교에서 선생님과 같이하는 경우도 있지만 키트를 가정으로 보내 집에서 완성해 오도록 할 때도 있다. 이 역시 의도적으로 집에서 키트를 구매해 아이에게 주지 않는 한 가정에서 좀처럼 하기 어려우며, 학원에서도 거의 하지 않는 활동이다. 따라서 이러한 과제 역시 학원 과제에 밀려 대충 끝내 버릴 것이 아니라 문제 해결의 기회로 삼아 정성을 기울여 아이가 스스로 해 보게 하기를 바란다.

또한 단순히 결과물을 완성하는 데 집중하기보다 부품을 자세히 살펴보고 각 부품의 역할이 무엇인지, 어떻게 조립하여 완성품이 만들어지는지, 활동에 숨은 과학 원리는 무엇인지 등 활동 속에 내재된 의미를 파악하도록 하고, 결과물을 만들 때도 어떻게 하면 활동 목적에 맞으면서도 나의 개성을 드러내 창의적인 결과물을 만들 수 있을지 아이디어를 적극 생각해 보도록 유도하는 것이 좋다. 1년 동안 학교에서 제공하는 창의적 체험 활동 키트만 잘 활용해도 아이는 다양한 분야의 문제를 해결하는 경험을 할 수 있다.

다음으로 제시하는 방법은 직접적이고 명시적으로 문제 해결을 연습하는 방법이다. 아이가 메모에 적어 두었던 실생활 문제를 직접 해결해 보는 것이다. 예를 들어 아이가 부모와 함께 아파트 분리수거장에 갔다가 제대로 분리 배출되지 않은 쓰레기를 발견해 이 문제를 메모 앱에 적었다면 이 같은 문제를 줄이기 위해 어떤 해결책을 낼 수 있을지 적극적으로 생각해 보고 실행까지 해 보는 것이다.

아파트 주민들에게 제대로 된 분리배출을 당부하는 호소력 짙은 편지를 써 엘리베이터 등에 붙여 두거나 올바른 분리배출을 설명하는 홍보물을 만들어 아파트에 붙여 둘 수도 있다. 아파트에 붙이는 경우 관리사무소에 게시물 부착 허가를 받아야 하고 붙일 수 있는 기간이 정해져 있다. 아이에게는 이를 체험하는 모든 과정 또한 생생한 교육의 현장이 될 수 있다. 자신의 해결 방안으로 실제 아파트 주민의 행동이 개선되거나, 주민들에게 긍정적 피드백을 받는 경험을 한다면 아이는 자신의 아이디어가 정말 세상의 문제를 해결하는 데 도움이 된다는 것을 느끼고 문제 해결 의지가 더욱 강해질 것이다.

부모는 아이의 문제 해결 과정을 지켜보며 아이가 미처 생각하지 못한 안전상의 문제나 개인 정보 보호 등 예상되는 문제를 파악해 아이가 위험에 처하지 않도록 적절한 도움과 가이드를 주어야 한다. 전문 기술이 필요해 실현하기 어려운 일이나 지나치게 시간과 비용 등이 많이 소요되는 해결책을 제시하는 경우에는 아이의 상황에서 쉽게 접근할 수 있는 방법으로 유도해 주어야 한다.

어린이 기자단
활동해 보기

 문제 해결력을 키울 수 있는 학원이라도 있으면 좋으련만 아직 이런 전문 학원은 찾아보기 힘들다. 그렇다면 도움받을 수 있는 외부 기관은 없을까? 내가 강력하게 추천하는 활동은 어린이 기자단이다.

 '어린이 기자'라는 키워드를 포털에 검색해 보면 의외로 많은 곳에서 어린이 기자단을 운영하는 것을 볼 수 있다. 학교에서 정기적으로 발행하는 'OO 꿈동산'과 같은 어린이 신문 역시 어린이 기자단 학생들이 직접 취재하고 작성한 글로 꾸려지는 신문이다.

 기사를 쓰기 위해선 우선 좋은 기삿거리를 발견해야 한다. 이런 과정에서 자연히 내 주변 세상에 관심을 두게 되고 좋은 글감이 없을지 끊임없이 관찰하게 된다. 적극적인 태도로 주변을 둘러보면 평소에 보이지 않았던 문제들이 눈에 들어온다. 또한 기사로 다룰 만한 소재를 포착하는 과정에서 실생활 문제를 발견하는 능력이 크게 향상될 수 있다. 집에서 부모님과 하는 활동은 부모와 자녀의 굳건한 의지가 없으면 흐지부지되는데 기자단 활동은 기사 마감일과 써야 하는 기사 수가 정해져 있어 문제 해결 능력을 연습하기에 더없이 좋은 기회다.

기자단 활동의 또 다른 장점은 세상을 향한 시야를 확장하고 여러 경험을 할 수 있다는 점이다. 기삿거리를 발견하고 기사를 쓰려면 깊은 취재를 해야 한다. 기자단을 운영하는 담당자에게 도움을 요청하면 취재를 할 수 있도록 전문가나 관련 장소 등을 안내해 줄 것이다. 학생들은 해당 전문가를 만나 인터뷰를 하고 관련 장소를 견학하며 넓은 세상을 만나고, 시야가 확장되는 만큼 발견할 수 있는 문제의 폭이 넓어질 것이며 해결 방안 역시 다양해질 것이다.

기자단 활동의 마지막 장점은 적극적인 태도를 기를 수 있다는 점이다. 기삿거리를 발견하고 취재하여 한 편의 글을 쓰는 과정에는 많은 노력이 수반된다. 기자단 담당자에게 도움을 받아 전문가와 장소를 섭외할 수도 있으나 본인이 직접 섭외해야 할 수도 있고, 인터뷰 준비와 내용 정리, 장소 방문 준비, 방문을 통해 알게 된 내용을 정리하는 일은 스스로 해야 한다. 또한 본인의 이름을 걸고 다수가 읽는 글을 쓰는 만큼 정확한 정보를 수집하며 사실을 확인하고 논리적 흐름에 맞게 글을 쓰는 등 많은 과정을 거쳐야 한다. 이러한 일련의 과정을 경험하면 과제를 하든 업무를 하든 적극적인 방법으로 일을 수행하게 된다. 이 모든 과정 역시 문제를 해결하는 과정이다.

나는 대학 시절 내내 대학생 기자단으로 활동했다. 이때의 경험이 인생에 많은 도움이 되었다. 기삿거리를 발견하기 위해 주위를 살피고 발견하는 즉시 메모 앱에 기록하는 습관은 지금까지 이어지고 있고, 남보다 생활 속 문제를 예민하게 발견하다 보니 이에 대한 해결책도 여럿 생각하게 되어 이를 신문 기사로 싣거나 공모전에 출품해 상을 받기도 했다.

또한 취재하는 과정에서 도움을 얻을 만한 장소를 섭외해 탐방하고 인터뷰 대상을 찾아 섭외해 인터뷰하는 것이 익숙해 어떤 문제가 닥쳤을 때 도움을 얻을 수 있는 기관이나 인물에게 적극적으로 연락해 문제를 해결한다. 특히 요즘은 SNS가 워낙 발달하여 일면식도 없는 사람에게 연락하는 일이 쉬워졌다.

학교에서도 수업과 관련된 내용을 생생하게 배울 수 있을 만한 기관에 연락해 체험학습을 기획하고, 전문가를 교실로 초청하는 등 적극적으로 수업 설계를 한다. 이 점이 나의 수업을 차별화해 주는 요인이 되었다.

어린이 기자단은 대개 2~3월에 모집을 시작한다. 수시로 홈페이지를 방문하고 SNS 계정을 팔로우하며 공고 소식을 확인하자. 포털에 '어린이 기자'라고 입력한 후 이미지 보기를 클릭하면 여러 홍보 포스터가 검색되는데 아이의 성향, 흥미와 맞는 기자단을 눈여겨본 뒤 일정을 수시로 확인하여 지원하면 된다. 이왕이면 국가 기관, 지역의 공공 기관, 대형 언론사 등 공신력 있는 기관에서 활동하는 것이 좋다.

* **어린이 기자단을 모집하는 기관**
  - 내 친구 서울 콩콩 어린이 기자(https://kids.seoul.go.kr/)
  - 경기도 꿈나무 기자단(https://gnews.gg.go.kr/news/domin_list.do?s_code=C076)
  - 강서 꿈동산(https://www.gangseo.seoul.kr/gs040407)
  - 국가보훈처 나라사랑 기자단(http://mpvalove.kr/magazine/5/main.html)
  - 동아일보 어린이 기자(https://kids.donga.com/?ptype=article&psub=reporter)

이외에도 자신이 거주하는 지역의 기자단을 찾아 보자.

10장

공헌하는 아이로
키우자

부모는 아이의 강력한
롤모델이다

앞서 내 아이의 문제 해결력을 키우기 위한 첫 번째 방법으로 부모의 역할을 이야기했다. 그리고 부모가 먼저 생활 속에서 문제를 발견하는 눈을 키우고 이에 대해 자녀와 일상 대화를 나누기를 제안했다.

그렇다면 공헌하는 아이로 키우기 위한 첫 번째 방법은 무엇일까? 이 역시 부모의 역할이 출발점이다. 부모가 먼저 ESG, 공동체 역량, 세계시민 의식의 중요성에 진심으로 공감하고 사소한 행동부터 바꾸어 나가야 한다. 부모가 말로는 공동체 역량, 사회공헌을 강조하면서 정작 아이 앞에서 보이는 행동이 이와 다르다면 아이는 이 역량의 중요성을 진심으로 공감할 수 없을 것이다.

앞으로 공동체 역량이 더욱 중요해지는 이유는 무엇인지, 전 세계인이 협력하지 않으면 어떤 문제가 발생하는지, 왜 이윤을 추구하는 기업마저 이제는 환경과 지구를 생각하지 않으면 안 되는지 등에 관해 부모가 아이에게 계속해서 이야기해 주어야 한다. 요즘에는 공동체 역량이 필요한 이유를 설명해 줄 수 있는 이슈가 정말 많다.

더욱이 지금 아이들 세대는 코로나19를 경험했기 때문에 이러한 문제를 더욱 밀접하게 받아들일 수 있을 것이다. 환경문제가 전 지구적 감염병을 일으키고, 한 나라에서 발생한 감염병이 순식간에 지구를 마비시키고, 이를 해결하기 위해 전 세계가 협력하는 과정을 생생하게 경험했기 때문이다. 나와 내 가족의 행복이 곧 공동체와 지구의 행복임을 부모 역시 절감하고 아이에게 몸소 보여 주어야 한다.

집에서부터 전기, 수도를 아껴 쓰고 비닐봉지, 지퍼백 사용을 최대한 자제하며, 분리배출을 철저히 하는 등 부모가 강력한 롤모델이 되어야 한다. 그리고 아이에게 계속해서 설명해 줘야 한다. "지금 지구는 플라스틱으로 몸살을 앓고 있어. 그러니까 우리 집에서부터라도 플라스틱 사용을 줄이기 위해 노력해야 해. 엄마는 꼭 필요한 경우가 아니면 지퍼백을 사용하지 않을 거야." 같이 말이다.

또한 아이의 행동에 대한 피드백을 주며 아이 역시 작은 실천을 생활화하도록 도와주자. "지금 전 세계는 탄소를 줄이기 위해 노력하고 있는데 전기 사용을 조금만 줄여도 탄소를 줄이는 데 도움이 된대. 그러니 사용하지 않는 컴퓨터의 전원은 꺼 두는 게 어떨까?"라고 말해 보는 것이다. 생활 속에서의 꾸준한 실천과 부모의 안내는 아이가 공동체와 지구를 생각하는 사고를 습관화하는 데 중요한 지침이 될 것이다.

주말 체험,
나들이, 쇼핑도 달라진다

나는 학창 시절에 주말과 방학을 손꼽아 기다렸다. 그러나 아이를 낳은 후로는 주말과 방학이 평일보다 더 힘들게 느껴진다. 주말에 아이와 놀아 주고 여기저기 데리고 다니면 진이 쭉 빠지곤 한다. 아마 아이를 키우는 부모라면 모두 공감할 것이다. 또 요즘은 부모들이 어찌나 아이들과 잘 놀아 주고 좋은 곳에 데리고 다니는지 SNS를 보면 조바심이 나기도 한다. '이번 주엔 아이와 또 무얼 하고 어디에 갈까?' 부모의 공통 고민이 아닐까 싶다.

그러나 공헌하는 아이로 키우겠다고 마음먹고 교육을 하는 순간 아이와 할 수 있는 것이 생각보다 많아진다. 원데이클래스, 집

192

에서 할 수 있는 가정용 키트, 온라인 강좌 등 다양한 것을 할 수 있다. 코로나19로 사람들이 바깥 활동을 하지 못하자 집에서도 즐겁게 할 수 있는 취미와 관련된 온라인 강좌, 가정용 키트가 유행했다. '클래스 101', '솜씨당', '아이디어스'와 같은 플랫폼이 대표적이다. 플랫폼에 접속해 '제로 웨이스트', '친환경', '에코' 등을 검색하면 못 쓰는 상자로 공책 만들기, 이면지로 종이죽 노트 만들기, 천연 샴푸바 만들기, 버려진 양말로 만드는 다양한 공예 등 환경과 관련된 재미있는 클래스가 다양하게 소개된다.

유튜브에서도 여러 활동을 찾을 수 있다. 또한 약간의 품을 들여 정보 검색을 하면 직접 체험해 볼 수 있는 곳도 찾을 수 있다. 나는 재활용에 관심이 많아 재활용으로 악기를 만들어 공연하는 단체를 찾았다. 이 단체의 SNS 계정을 팔로우하거나 공연단에 직접 문의해 공연을 볼 수 있고 재활용 악기 만드는 법을 배울 수도 있다. 아이들은 일련의 경험을 통해 공동체를 위해 노력하는 다양한 사람이 있음을 알게 되고, 공동체 문제를 해결하기 위한 아이디어도 체험할 수 있다. 이런 경험이 많을수록 공동체를 위해 번뜩이는 아이디어를 떠올릴 확률도 높다.

주말 나들이는 어떨까? 아이와 밖을 다니다 보면 캠프닉(소풍을 가듯이 도시 인근에서 가볍게 즐기는 캠핑), 글램핑, 박물관, 과학관, 전시회, 실내 운동 시설, 놀이공원, 갯벌, 워터파크 등 갈 수 있는 곳에 한계가 생긴다. 그러나 주말을 사회공헌을 위한 생생한 배움의 장으로 삼는다면 쓰레기 매립장, 유기견 보호소, 상수도 시설, 인권사무소, 생태 체험장 등 갈 수 있는 곳이 늘어난다.

나들이 장소에 대한 아이디어가 쉽게 떠오르지 않는다면 포털 창에 '지속가능발전목표'를 검색해 보자. 유네스코에서는 전 세계가 지속가능발전을 위해 지켜야 할 목표 17가지를 제시했는데 '빈곤 퇴치, 기아 종식, 건강과 웰빙, 양질의 교육, 성평등, 깨끗한 물과 위생, 적정 가격의 깨끗한 에너지' 등이 있다. 이 키워드 중 아이와 이야기해 보고 싶은 주제를 정해 이와 관련된 견학과 체험을 할 공간이 있는지 검색해 보는 것이다.

예를 들어 '적정 가격의 깨끗한 에너지'를 이번 주 나들이의 키워드로 정했다면 '청정에너지 견학', '청정에너지 체험' 등의 키워드로 체험 장소를 찾아보는 식이다. '전국 방방곡곡 놀면서 배울 수 있는 재생에너지 체험관 모음', '에너지 현장 견학 어디로 갈까?' 등의 포스팅을 금세 발견할 것이다. 이 중 원하는 장소를 찾아 아이와 주말 체험을 계획해 보는 것은 어떨까?

네이버 해피빈도 적극 추천한다. 네이버 포털에서 해피빈을 검색해 홈페이지에 접속하면 상단에 다양한 탭이 보인다. 이 중 '가볼까' 탭을 클릭하면 여러 장소가 소개된다. 동물자유연대의 '동물에 대한 인식을 바꾸는 학교, ON SCHOOL', 생명평화아시아의 '푸른별 구하기 프로젝트 〈기후위기를 노래하라〉 콘서트', '발달장애인 가이드와 함께하는 느린 창덕궁 투어' 등 좋은 프로그램이 많다. 또한 이런 프로그램은 시기마다 새롭게 업데이트되니 마음만 있으면 배울 기회는 무궁무진하다.

쇼핑으로도 사회공헌 태도를 기를 수 있다. 내가 애용하는 쇼핑 플랫폼은 '텀블벅'과 '아이디어스'이다. 이 플랫폼에는 놀라운 아이디어가 돋보이는 다양한 상품이 있다. 상품 자체를 구경하기보다 상품을 기획한 개발자의 아이디어에 초점을 맞춰 보자.

나는 학교에서 아이들과 프로젝트 수업을 진행할 때 '텀블벅'을 적극 소개하며 해당 문제에 대해 다른 사람들은 어떤 창의적인 아이디어를 냈는지 구경하도록 한다. 아이들은 색다른 아이디어에 감탄하고 재미있어하며 쉴 새 없이 구경하고 부모님을 졸라 상품을 구매하기도 한다.

최근 학급에서 '친환경' 관련 프로젝트를 진행하며 텀블벅에는 이와 관련한 어떤 아이디어들이 있는지 구경해 보는 시간을 가졌다. 그중 아이들의 이목을 사로잡았던 것은 '곰돌이 샴푸바'였다. 실제로 구매한 아이도 있었는데 이렇게 상품을 구경하면서 아이디어도 탐색하고 직접 상품을 구매하여 사용해 보는 일련의 과정은 공동체를 위한 문제 해결력을 높이는 데 도움이 될 것이다.

후원하고 봉사하라

　대학교 4학년, 한참 취업 준비를 할 때 학교에서 운영하는 취업 아카데미 프로그램에 참여한 적이 있다. 프로그램의 후반부에 모의 면접을 봤는데 그때 보았던 장면 중 하나가 여전히 기억에 남는다. 국제기구 취업을 희망하는 다른 과 학생의 차례였다. 모의 면접관이 봉사와 후원 경험이 있는지 질문을 던졌고 학생은 고등학교 때 정기적으로 유니세프에 기부했었다고 이야기했다.

　"그럼, 여전히 유니세프에 기부하고 있나요?"

　"…"

　"그럼 지금 기부나 봉사하고 있는 단체가 있나요?"

"…."

비록 모의 면접이었지만 이 장면은 나에게 강한 깨달음을 주었다. 결국 행동으로 증명해야 한다는 것, 아무리 말로 이야기해 봐야 소용없다는 것을 생생하게 깨달았다. 아무리 사회공헌, 세계시민의식, 공동체 역량을 이야기해도 실제 기여한 경험이 없다면, 지금 그것을 행하고 있지 않다면 결국 허울 좋은 말에 그칠 뿐이다.

사회에 공헌하는 아이, 공동체 역량을 가진 아이, 전 지구적 문제를 해결하는 데 기여하는 글로벌 인재로 내 자녀를 기르고 싶다면 후원과 봉사는 어쩌면 당연한 일일 것이다. 그러나 좋은 배움의 기회를 멀리하고 학원 때문에 시간이 없다는 부모와 아이들을 보면 다소 안타까울 때가 있다. 학교와 학원 스케줄로 도무지 평일에 시간이 나지 않는다면 주말이라도 이용해 직접 봉사 활동에 참여해 보자.

봉사 활동은 도움을 필요로 하는 사람들의 진짜 문제를 직접 접하고 공감하는 좋은 기회다. 책, 사진, 영상이 아무리 생생하게 제작되었다 한들 경험을 따라갈 수는 없다. 도움을 필요로 하는 사람들을 만나 소통하고 공감하고 조그만 도움이라도 직접 건네보는 경험은 그 어떤 것보다 강력한 사회공헌의 동기부여가 될 수 있다. 그들에게 도움을 주고 싶다는 강력한 마음을 먹게 되는 것이다. 진정한 공감과 동기부여는 적극적으로 문제를 해결하는 원동력이다.

이지성 작가의 《에이트》(차이정원, 2019)에서도 봉사 활동을 강조한다. 작가는 봉사를 통한 진정한 공감이 있어야 창의성도 발현된다고 말한다. 일본의 국제 바칼로레아 교사 양성 과정, 미국·영국·독일·호주·핀란드 등의 교육과정 역시 봉사를 강조한다. 봉사야말로 공동체를 위한 인재가 되는 출발점이기 때문이 아닐까.

그러나 봉사를 결코 미래 역량을 기르기 위한 수단, 나의 이력을 위한 과정, 성공을 위한 발판으로 생각하지 않았으면 한다. 도움을 필요로 하는 사람들의 마음과 상황에 진심으로 공감하고 내가 가진 역량을 발휘해 이들의 삶을 조금이라도 편리하고 행복하게 해 주겠다는 선하고 원대한 꿈을 꾸는 계기가 되었으면 좋겠다. 그리고 이러한 꿈을 바탕으로 실제로 문제를 해결하여 어려운 사람을 위해 보탬이 된다면 이러한 인재가 가득한 우리의 세계는 물론 나 자신도 행복해질 것이다.

그렇다면 봉사 활동은 어디에서 할 수 있을까? 이 역시 조금만 정보 검색을 해 보면 환경과 관련된 활동, 어르신 돕기, 기아, 미술 재능 기부, 장애인 봉사 등 많은 단체를 찾을 수 있다. 네이버 해피빈 사이트에 다양한 정보가 보기 좋게 정리되어 있다. 상단 메뉴 중 '가볼까' 메뉴를 클릭하면 봉사 활동을 할 수 있는 프로그램이 나온다. 최근에는 '카카오같이가치'에서도 다양한 활동을 하고 있는데 특히 튀르키예·시리아를 돕는 기부 코너에 많은 사람이 참여했다.

한편 봉사 영역을 선택할 때는 평소 아이와 부모가 나누었던 주제 중 특히 문제라고 생각했던 주제, 아이가 관심을 가졌던 주제와 관련된 봉사 활동을 하는 것이 좋다. 일회성 봉사를 다양하게 여러 번 하는 것도 좋지만 봉사 활동을 하며 특별히 활동 방향이나 철학에 공감이 가는 단체가 생긴다면 그 단체에 가입해 본격적으로 활동해 보는 것이다. 함께 가입한 또래 친구들, 대학생 언니, 형, 어른들과 어우러져 함께 해결 방안을 고민하고 시행착오를 거치며 결국 해결 방안을 찾아 도움을 건네는 과정은 자녀에게 값진 경험이 될 것이다.

　만약 도저히 시간이 나지 않거나 아직 아이가 많이 어려 도움을 건네기가 어렵다면 후원을 하는 방법도 있다. 이 역시 가장 간단한 방법으로 네이버 해피빈을 추천한다. 해피빈에 접속해 상단의 '기부' 탭을 클릭하면 아동·청소년, 어르신, 장애인, 다문화, 지구촌 등 다양한 분야의 모금함이 나온다. 이 중 최근 관심을 두었던 분야를 클릭하고 구체적으로 무엇을 위해 돈을 모금하는지 확인한 후 기부할 수 있다. 보통 사람들이 기부를 망설이는 이유가 나의 기부금이 정확히 어떤 곳에 쓰이는지 알 수 없고 진짜 그 돈이 그곳에 잘 쓰였는지 확인하기 어렵기 때문이다. 그런데 해피빈의 모금함에선 정확한 단체명, 모금 목적, 현재 모금에 참여한 사람 수, 금액 등을 상세히 볼 수 있고 추후 모금이 완료되었을 때 어떻게 사용했는지도 확인할 수 있어 신뢰가 간다. 또한 직접 현금으로 기부할 수 있지만 온라인에서 모은 '해피빈 콩'으로 부담 없이 쉽게 기부할 수 있다는 장점이 있다.

해피빈 사이트에선 '해피빈 콩' 모으는 방법도 자세히 소개하고 있다. 네이버 쇼핑 구매평 작성, 네이버 블로그 글쓰기, 네이버 카페 글쓰기, 지식인 답변 채택 받기, 해피빈에서 진행하는 캠페인 미션 참여하기 등으로 모을 수 있다. 이렇게 후원한 내역은 모두 기록으로 남아 '마이페이지'에서 확인할 수 있다. 봉사와 기부가 입시, 취업을 위한 수단은 아니지만 그래도 추후 사회와 공동체를 위해 노력해 온 나의 진심을 어딘가에 증명하고 입증해야만 하는 순간 좋은 근거 자료가 될 것이다.

무늬만 공헌?
다 티가 난다

    〈금쪽같은 내 새끼〉는 자녀를 둔 부모라면 한 번쯤은 시청했을 법한 국민 프로그램이다. 나는 한 회도 놓치지 않고 모두 보았는데 그중 홈스쿨링 가정을 다룬 회차에 출연한 아이가 기억에 남는다. 방 청소는 기본이요 화장실 청소까지 집안일을 참 열심히 하는 아이였다. 교육한 부모님도, 잘 따르는 아이도 대단하다고 느꼈다. 오은영 박사 역시 집안일을 함께 나누어 하는 것이 아이에게 책임감을 길러 줄 수 있다고 했다.

    학부모 상담 주간에 학부모님께 꼭 말씀 드리고 싶지만 결국 드리지 못하는 말이 있다. 아이에게 집안일을 시켜 주었으면 하는 것이다. 꼭 필요한 이야기라는 생각을 하면서도 남의 가정교육에 왈가왈부하는 것처럼 느껴져 결국 입 밖에 내지는 못했다.

학교에서 아이들을 만나면 안타까운 경우가 참 많다. 학급 회장으로서 봉사하고 친구들을 돕는 듯 보이지만 자세히 살펴보면 친구들이 보고 있을 때나 선생님 앞에서만 그런 행동을 하는 아이, 발표할 때엔 공동체를 위하고 헌신하는 마음을 가진 것처럼 모범적인 답을 늘어놓지만 막상 행동은 그와 전혀 다른 아이, 부모님과 주말마다 다양한 체험을 하고 돌아와 이런저런 지식을 뽐내지만 남을 배려하고 돕는 태도가 형성되지 않은 아이…. 진짜 타인을 위해 봉사하고 공헌하는 역량을 가졌는지 아닌지는 사소한 행동에서 모두 티가 난다. 아무리 봉사 경험, 후원 액수, 기부 내역이 많아도 진짜 공헌할 수 있는 인재는 행동을 보면 한눈에 알 수 있다.

학교에서 급식을 먹은 뒤 자신의 자리, 바닥에 음식물이 떨어진 것을 뻔히 알면서도 치우지 않고 가는 아이, 선생님이 있을 때만 교실을 대충 청소하고 선생님이 없을 때는 구석에서 게으름을 피우는 아이, 바닥에 휴지가 떨어져 치워 달라고 부탁하면 내가 버린 게 아니라며 치우지 않는 아이, 학급에서 나눠 준 간식을 먹고 쓰레기를 아무 데나 버리는 아이들이 많다. 이런 사소한 모습에서 그 사람의 본 모습을 알 수 있는 법이다. 타인의 시선과 평가를 떠나서 자신의 자리는 자신이 치우고, 친구들과 함께 사용하는 교실을 깨끗하게 가꾸는 일은 기본 중의 기본이다. 기본을 갖추지 못한 채 사회공헌, 공동체 의식을 이야기한들 무슨 소용이 있을까.

가정에서부터 기초 공사를 확실히 해 주길 부탁 드리고 싶다. 가족의 구성원으로서 자신의 방과 가족이 함께 사용하는 공간을 치우고, 식사 전 식탁에 그릇을 놓는 등 아이도 함께 청소하고 가정일에 참여할 수 있도록 이끌어 주는 것이다. 음식을 먹었으면 식탁에 흘린 음식물은 부모가 치워 주는 것이 아니라 자신이 치워야 하고, 고학년이라면 자신이 먹은 그릇은 스스로 설거지도 할 수 있어야 한다. 어떤 부모님들은 행여 아이의 시간을 빼앗고 공부에 지장을 주지 않을까 싶어 모든 것을 대신해 주곤 한다. 그러나 집안일을 나누어 하는 것은 타인을 위한 배려, 공동체에서의 책임을 다하는 기초적인 태도를 길러 준다.

11장

협력하는 아이로
키우자

말하는 법부터 배우자

   '임티'라는 말을 아는가? '임티'는 요즘 십 대들이 '이모티콘'을 줄여 부르는 말이다. 예전에도 그랬지만 지금 십 대들에게 이모티콘은 특히 인기가 많다. 이모티콘이 십 대에게 사랑받는 이유는 해야 할 말을 간단하게 표현해 주기 때문이라고 한다. 낯간지러워 '고마워'라는 말을 하지 못할 때, 쑥스러워 '미안해'라는 말을 하지 못할 때, 화가 나고 속상한 마음이 들지만 왠지 껄끄러워 말로 하기 힘들 때 이모티콘이 이를 쉽게 대신해 준다.

   요즘 관찰 예능이 왜 인기인지 분석한 글을 보고도 놀란 적이 있다. 대표적인 관찰 예능 프로그램으로 〈나 혼자 산다〉, 〈전지적 참견 시점〉 등이 있다. 이 프로그램에서 출연자는 스튜디오에 나와 토크를 하거나 코너를 꾸미는 것이 아니라 제3자의 녹화 영상을 시청하고 반응하는 역할을 한다. 이 또한 요즘 십 대의 정서를 반영한 것이라 하는데, 녹화 영상을 보고 자신의 감정을 대신해 줄 누군가를 필요로 한다는 것이다. 즉, 프로그램에 출연하는 출연자들이 시청자의 감정 대리인 역할을 해 준다는 분석이다. 영상 하나를 보고도 자신의 감정을 솔직히 표출하는 것이 어려워 나 대신 감정을 표출해 줄 대리인을 필요로 하고 대리인의 반응에 내 감정을 맞춰 가며 안도한다는 것이 이상하지 않은가.

그런데 학교에서 아이들을 만나면 이러한 현상이 이해가 간다. 아이들은 자신의 솔직한 감정을 들여다보고 이를 말로 차분하게 표현하는 것을 굉장히 어려워한다. 깊은 내면을 들여다보고 상황을 곱씹어 보는 대신 즉각적으로 떠오르는 원초적인 감정들을 투박하고 거친 말로 내뱉곤 한다. 아이들의 대화를 듣다 보면 이것이 친구 간의 대화인지 서로 싸우자는 것인지 분간이 가지 않을 때도 있다. 친한 친구 사이에도 틱틱 대고 날카로운 말을 주고받기 일쑤다. 하물며 누군가 자신에게 조금만 피해를 줘도 상황을 제대로 살펴보고 비판적으로 사고할 겨를도 없이 바로 거친 말이 나온다.

이는 저학년이나 고학년이나 크게 다르지 않다. 뒷자리 친구가 노래를 흥얼거리면 "아, 좀 조용히 해"라고 하고, 과학 시간에 같은 모둠 친구가 실험 도구를 만지작거리면 짜증이 섞인 어투로 "아, 그거 만지지 좀 마"라고 말한다. 이를 시작으로 본격적인 말다툼이 발생하고 서로 선생님에게 고자질을 한다. 심지어 어떤 경우엔 학부모 간 다툼으로 번지기도 한다.

차분하게 "좀 조용히 해줄래?", "집중이 안 돼서 그러는데 그거 만지지 말아 줄래?"라고 이야기하면 상대도 충분히 알아듣고 행동을 수정할 텐데 왜 명령조로 쏘아대고 날카롭게 말을 하는지 안타까울 때가 많다. 가장 심각한 경우는 친구가 좋게 이야기를 해도 "너나 조용히 해", "응, 아니야", "어쩔", "어쩔티비", "네가 뭔 상관이야"라고 응대하거나 상대가 부탁한 행동을 멈추지 않는 경우다. 이런 사례 또한 매우 빈번하게 일어난다.

모둠 활동을 할 때도 제대로 대화하는 경우를 찾아보기 힘들다. "야, 너 의견 뭐야. 빨리 말해", "야, 그건 아니지", "선생님, 한마디도 안 하고 딴짓해요", "야, 네가 발표해", " 내가 말하는 중이잖아. 왜 끼어들어?", "끼어들지 좀 말라고" 예상하는 대로 모둠 활동은 말다툼으로 끝나고 만다.

그런데 어느 순간 나의 말하기를 되돌아보니 나의 언어 습관 역시 아이들과 크게 다르지 않음을 깨달았다. 아이들이 소란스럽게 굴거나 친구들과 갈등을 빚거나 숙제를 해 오지 않거나 통솔에 응하지 않는 상황에서 차분하게 말로 풀어 가기보다 거친 어투로 명령하고 훈계하고 부정적 감정을 그대로 표출했다. 가정에서도 마찬가지다. 아이가 무언가 마음에 들지 않는 행동을 했을 때 이를 차분하게 말로 풀기보다 지시하고 명령하고 윽박질렀다. 말하는 법을 배우고 의식적으로 고치려고 노력하지 않으면 안 되겠다고 절실히 깨닫는 순간이었다.

그 후로 말과 관련된 책을 읽고 중요한 문장은 포스트잇에 적은 뒤 잘 보이는 곳에 붙여 의식적으로 실천하려고 노력했다. 머리로는 당연히 이해하고 글로만 읽었을 때는 너무 쉬워 보였는데 막상 입으로 떼려니 쉽지 않았다. 그때 또 한 번 알았다. 말하기엔 연습이 무척 중요하다는 것을.

협력하는 아이로 키우기 위해 가정에서 부모와 아이가 함께 언어 습관을 고쳐 나가면 어떨까? 앞서 언급했듯 이제는 대부분의 업무가 협업 형태로 진행된다. 그리고 모든 협업의 수단은 언어다. 우리는 말로 사람과 소통한다. 그래서 세계 최고의 대학들은 의사소통 능력을 하나의 기준으로 삼아 학생들을 선발하며 의사소통을 교육한다. 기업 또한 의사소통 능력을 다양한 구성원과 협업하기 위한 필수 역량으로 여긴다.

협력하는 아이로 키우고 싶다면 우선 부모의 말부터 바꿔 보자. 자신의 생각과 감정, 기분을 차분하게 설명하고 타인의 생각과 감정, 기분도 수용할 수 있도록 꾸준히 연습해 보자. 날카로운 말을 가진 사람은 결코 누구와도 어울릴 수 없을 테니 말이다.

아이는
아이들 속에서 자란다

    갈등을 빚는 아이들에게는 공통점이 있다. 물론 한 살 두 살 나이를 먹고 성장하며, 또 학생과 부모의 노력으로 점점 좋아지는 경우도 있지만 보통 1학년 때 갈등을 자주 빚던 아이는 고학년이 되어서도 친구들과 갈등을 빚는다. 친구들과 자주 다투고 쉽게 어울리지 못하는 아이들은 어떠한 특성을 보일까? 학교에서 관찰한 바에 따르면 대개 다음과 같은 성향을 보인다.

> · **이기적인 아이**: 자신의 뜻을 도통 굽힐 줄 모르고 자기 마음대로 해야만 직성이 풀린다.

- 눈치 없는 아이: 맞는 말이지만 상대의 기분을 생각하지 않고 직설적으로 말한다.
- 규칙을 자주 어기는 아이: 일상적으로 반칙, 속임수, 편법 등을 쓴다.
- 집요한 아이: 상대로부터 원하는 말과 행동을 얻을 때까지 집요하게 따라다니며 따진다.
- 감정 조절을 못 하는 아이: 조금이라도 서운하거나 화가 나는 일이 있을 때 참지 못한다.
- 또래 문화를 공유하지 못하는 아이: 또래에 유행하고 있는 각종 문화를 잘 모른다.
- 개성이 지나치게 강한 아이: 취미, 관심 분야가 매우 뚜렷해 본인의 관심 주제로만 대화를 하며 지나치게 진지하다.

이러한 아이들을 꾸준히 관찰하고 개별 상담을 진행해 보니 또래들과 자연스럽게 어우러져 놀아 본 경험이 없다는 공통점이 있었다. 어릴 적부터 부모들이 약속을 잡아 부모가 정한 친구들끼리만 어울렸다든가, 학교·학원 등 관리자와 중재자가 있는 환경에서만 또래와 어울렸다든가, 바쁜 학원 일정으로 친구와 어울릴 기회조차 부족했다든가 하는 것이다. 심지어 6학년임에도 부모끼리 연락해 아이의 친구 관계를 만들어 주는 경우도 있었다. 이 학생의 부모는 아이가 행여 거칠고 나쁜 친구들과 어울려 나쁜 말과 행동을 배우지 않을까 걱정된다며 아이의 교우 관계를 직접 관리한다고 했다.

물론 부모의 심정도 이해가 된다. 아이들이 학교 밖에서 노는 모습, 주고받는 언어, 아이들이 공유하는 문화를 보며 충격받았다는 부모들도 있다. 나 역시 학교 밖에서 아이들이 어떻게 놀고 대화하는지 이야기를 들을 때면 교실에 있던 그 착한 아이들이 맞나 싶을 때도 있고 일종의 배신감을 느낄 때도 있다. 그러나 범죄, 폭력 등 선을 넘는 수준이 아니라면 어른들이 없는 곳에서의 아이들의 모습을 인정해야 하지 않을까. 그 시기 아이들이 노는 방식이며 하나의 문화이기 때문이다.

아이들은 아이들 속에서 세상을 배운다. 부모가 아이의 감정을 수용 및 공감해 주고, 항상 갈등 상황을 중재해 주던 것과 전혀 다른 환경에서 또래와의 인간관계를 충분히 경험해 보아야 한다. 학교, 학원 등의 울타리와 보호자가 부재한 상황에서 또래와 마음껏 어울려 보고 여러 갈등을 경험하며 아이들은 사회성을 기르고 적당한 눈치와 행동 양식도 함께 배울 것이다. 친구들이 나의 감정을 온전히 수용해 주지 않을 수도 있고, 세상이 나를 중심으로 돌아가지 않는다는 것도 모두 또래와 함께 놀며 경험한다. 이러한 경험 속에서 아이들은 점차 자신의 이기심과 감정을 조절하고 규칙을 배우며, 또래들이 공유하는 문화도 배운다.

부모님들이 아이들에게 적극적으로 이러한 경험을 제공해 주었으면 한다. 아이들이 자주 모이는 놀이터나 공원 등에 걱정 말고 내보내도 된다고 말하고 싶다. 아이는 아이들 속에서 자란다.

함께하고 싶은 아이가 되는 덕목:
인성, 공감 능력

아이에게 협업 능력을 길러 주고 싶은가. 문제 해결력, 사회에 공헌하는 태도는 앞에서 언급한 것처럼 해당 역량을 기를 수 있는 구체적인 방법이 있으며 꾸준한 연습으로 달성할 수 있다. 그러나 협업 능력은 다른 역량과 달리 체계적이고 구체적이고 이성적인 방법으로 접근하기 쉽지 않은 부분이 있다. 본질적으로 타인과의 관계를 필수로 하기 때문이다. 물론 대화 능력, 리더십 등을 적극 훈련해 협업 능력을 키울 수도 있다. 그러나 무엇보다 중요한 것은 함께 협업하고 싶은 사람이 되는 것이다. '비호감'인 사람과는 대화를 나누고 싶지도, 따르고 싶지도, 함께 일하고 싶지도 않은

법이다.

결국 인성교육을 이야기할 수밖에 없다. 예나 지금이나 인성은 중요하게 다루어졌지만 특히 지금은 '인성이 발목 잡는다'고 할 정도로 개인의 삶과 커리어에 지대한 영향을 미친다. 갑질, 학폭, 미투 등으로 한순간에 퇴출된 기업인, 유명인의 사례만 보더라도 알 수 있다. 요즘은 SNS, 링크드인, 회사 내 인사 관리 시스템, 익명 커뮤니티 등으로 한 사람의 평판이 쉽게 공유되는 사회다. 인성에 문제가 있어 함께 일하기 싫은 사람이라는 꼬리표가 붙는 순간 다른 사람과의 협업 기회는 급속도로 줄어들 것이다.

그렇다면 함께 일하고 싶은 사람, '호감형'인 사람은 어떻게 될 수 있을까? 공감 능력이 그 출발점이다. 나만의 시각과 편견으로 세상을 바라보고 이해하면 주변 사람들은 나에게서 점점 멀어질 것이다. 다양한 사람과 삶, 문화, 생각을 이해하려는 개방적인 태도와 유연한 사고를 길러야 한다.

전 세계나 국내 여러 장소를 돌며 다양한 사람을 만나고 그들과 부딪치며 색다른 삶과 문화에 대한 이해의 폭을 넓힐 수도 있지만 이는 현실적으로 쉽지 않다. 그렇다면 어떻게 개방성과 유연성을 기반으로 한 공감 능력을 높일 수 있을까? 여기에도 독서가 큰 도움을 준다. 특히 문학 작품이 효과적이다.

문학 작품에는 다양한 상황에 놓인 온갖 인물이 등장한다. 등장 인물들이 선택하는 삶의 방식, 그때그때 상황에 대처하는 방법 역시 매우 다양하다. 그렇기 때문에 문학 작품들을 통해 간접적으로 다양한 삶의 모습을 이해할 수 있다. 때로는 아이 본인의 가치관과 충돌하는 인물을 만날 수도 있을 것이다. 그러나 그 인물이 처한 상황, 왜 주인공이 그 선택을 하고 그런 삶을 살 수밖에 없었는지 등을 헤아리며 '그래, 그 상황이라면 그럴 수도 있겠다.' 생각하고 점차 타인에 대한 공감 능력과 이해의 폭을 넓혀 나갈 수 있다. 이런 이유로 덴마크에서는 아이들에게 행복한 결말로 끝나는 문학 작품과 영화만 보여 주지 않는다. 결말이 우울하고 슬프고 비극적이며 불편한 아동 문학 작품들이 많다. 인물들이 마주하는 어려운 상황을 깊게 생각해 보고 공감 능력을 키우기 위함이다.

협업 능력은 기술적으로 해결할 수 없는 영역이다. 사람의 마음을 움직여야 하는 부분이기에 접근 방법 또한 인간적이고 진정성이 있어야 한다. 그러니 이런저런 기술은 차치하고 우선 누군가에게 함께 하고 싶은 아이가 될 수 있도록 따뜻하고 너그러운 마음을 길러 주어야 한다.

협업 활동을
자주 경험하자

협업 능력을 기르기 위해 협업 기회를 자주 갖는 것만큼 좋은 방법은 없다. 친구들과 팀을 이루어 목표를 달성하는 경험을 많이 가져 보는 것이다. 협업 활동을 할 때는 최대한 다양한 구성원을 만나 보는 것이 좋다. 성향이 비슷하거나 학습 수준이 비슷한 동질적 집단보다 이질적 집단에서 협업 활동을 수행하는 것이 훨씬 도움이 된다는 뜻이다.

덴마크의 메리 재단(Mary Foundation)은 공감 능력 활성화를 위한 교내 프로그램을 계획하는 것으로 유명하다. 이 기관에서는 다양한 구성원이 모인 이질적 집단 내에서의 협업을 강조한다.

앞서 언급했던 디자인 싱킹 수업에서 모둠을 구성할 때도 원칙은 '서로 다른 구성원으로 한 팀을 이루어라'이다. 이처럼 아이와 학습 수준이 비슷하고 다툼과 갈등이 일어나지 않을 만한 비슷한 성향의 친구와 한 팀을 이루는 것도 좋지만 최대한 다양한 친구들과 협업할 기회를 주는 것도 필요하다.

메리 재단은 이 프로그램을 통해 이질적인 구성원들과 팀 활동을 하며 자신이 잘하는 것은 함께 나누고 부족한 점은 상호 보완하며 서로 존중하는 태도를 기를 수 있다고 믿는다. 내향적인 아이는 활발한 친구를 통해 적극성을 배우고 수학은 약하지만 만들기에 강점을 보이는 아이는 그 강점으로 팀에 기여할 수 있다. 이렇게 구성원마다 잘하는 점을 찾고 또, 각자의 장점을 서로 나누면서 상호 협동할 수 있음을 일깨워 주는 것이다. 이 경험으로 아이들은 공부, 성적만으로 친구들을 평가하거나 무시하지 않고 서로의 강점을 존중하고 이를 활용하여 훌륭한 팀 활동을 할 수 있다.

협업 활동을 가장 쉽게 경험하는 곳은 바로 학교다. 한 교실 내에는 개성이 각기 다른 다양한 아이가 있다. 1년 동안 나와 다른 여러 명의 친구와 팀을 이뤄 협업 활동을 하는 곳으로 학교만큼 좋은 배움의 장은 없다. 부모님들은 학교에서의 모둠 활동을 협업 능력을 연습하는 좋은 기회라고 여기고 아이가 적극적으로 연습하도록 장려해 주길 바란다. 아이에게 협업이 왜 중요한지, 앞으로 협업 능력이 왜 필수인지 등 협업의 중요성을 충분히 안내하고 학교에서도 협업 활동에 적극 참여하고 의식적으로 연습하도록 알려 주는 것이다. 부모에게서 이런 가이드를 받고 학창 시절 수없이 이루어지는 협업 활동에 잘 참여한 아이와 그렇지 않은 아이 사이에는 많은 차이가 생길 것이다.

협업 활동이 배우는 과정이라는 것을 인식한 아이들은 협업 활동에서 발생하는 갈등을 현명하게 해결하는 법, 즐거운 분위기에서 팀 활동을 하는 법, 팀원들의 강점을 효과적으로 끌어올리는 법 등 다양한 협업의 기술을 스스로 찾을 것이다.

모둠 활동을 하다 보면 아이들 사이에 갈등이 발생해 이와 관련한 학부모 민원도 종종 발생한다. 작년, 졸업 앨범에 들어갈 그룹 사진 촬영을 위해 학급 내의 소그룹을 구성한 적이 있다. 그룹끼리 회의를 해 어떻게 하면 졸업 앨범용 그룹 사진을 멋지게 찍을지 논의하도록 했다. 그런데 옆 반에서 민원이 발생했다. 한 여학생 그룹에서 생긴 갈등으로, 네 명의 친구들은 동물 코스튬을 입고 싶었는데 한 명이 입고 싶지 않았던 모양이다. 그 학생은 자신의 속마음을 차마 친구들에게는 말하지 못하고 집에 가서 엄마에게 전했다. 그리고 이를 전해 들은 어머니가 담임교사에게 연락을 했다. 동물 코스튬을 따로 사기에도 경제적으로 부담스럽고, 그렇다고 우리 아이 때문에 나머지 아이들이 동물 코스튬을 입지 못하게 된다는 것을 알면 그 아이들이 우리 아이를 해코지할 수 있으니 선생님 차원에서 그냥 금지해 주면 안 되냐고 말이다.

물론 다수가 원한다고 해서 소수가 꼭 희생해야 하는 것은 아니다. 다수가 원하는 상황에서 반대 의견을 말하는 것이 어렵다는 것도 충분히 이해한다. 그러나 이런 의견 충돌이나 갈등 상황은 앞으로 아이가 세상을 살면서 끊임없이 마주해야 하는 부분이다. 언제까지 부모가 나서서 해결해 줄 수는 없다. 따돌림 또는 괴롭힘을 당하거나 대놓고 무시를 당하는 등의 경우가 아니라면 아이 스스로 해결 방법을 찾게 해야 그 과정을 통해 성장할 것이다. 그러니 큰 문제가 아니라면 아이 스스로 배울 수 있도록 부모의 개입을 줄이는 것이 좋다.

협업 기반의
공모전 경험

　협업 능력을 연습하는 또 다른 방법은 공모전에 도전하는 것이다. 공모전에 관한 자세한 내용은 후에 따로 다룰 계획이므로 여기서는 간단히 다루어 보려고 한다. 공모전에 대한 정보를 찾으면 의외로 공모전 종류가 많아 놀랄 것이다. 초등학생을 대상으로 한 공모전도 꽤 많다. 공모전은 개인, 팀 모두 응모할 수 있다. 만약 팀별로 공모전 준비를 할 경우 다양한 구성원의 창의적인 아이디어와 적극적 의사소통 과정, 각자의 능력을 발휘해 실제 문제를 해결하는 과정, 협업하여 발표 자료를 만드는 과정 등 여러 과정을 경험하게 된다. 또한 수상을 기대하고 준비하는 과정이므로 학교에서의 모둠 활동보다 진지하게 임할 수 있으며 협동 활동에 대한 보람과 기쁨도 느낄 것이다.

아이가 아직 친구들과 책상에 앉아 원활히 의견을 나누고 무언가를 협동하기에 어려운 상태라면 일단 집단 활동을 경험해 보자. 축구, 농구 등 팀으로 하는 스포츠를 정기적으로 해 본다든가 예술 활동에 참여해 보는 것이다. 예술 활동은 실제 팀워크를 다지는 데 큰 효과가 있다. 각기 다른 악기를 가지고 각자 맡은 파트를 연주해 팀의 하모니를 내는 오케스트라, 각각 다른 목소리로 맡은 성부를 불러 팀의 목소리를 내는 합창 활동, 동작을 딱딱 맞춰 팀의 움직임을 선보이는 단체 군무 활동 등은 집단에 대한 유대감을 강하게 해 준다. 이러한 활동으로 협동의 기쁨, 훌륭한 팀워크가 만드는 결과물의 뿌듯함 등을 느낀다면 추후 협업 활동에 원활히 참여할 수 있을 것이다.

12장

기술을 연마하는 아이로 키우자

컴퓨터,
기본은 해야 한다

요즘 아이들은 디지털 네이티브 세대라 스마트기기를 무척 잘 다룬다고들 한다. 확실히 아이들은 스마트폰 앱이나 게임 앱 등을 능수능란하게 다룬다. 그러나 앱 사용을 잘한다고 해서 스마트기기를 잘 다룬다고 할 수 있을까? 이는 앱 개발자들이 초등학생들도 쉽게 다룰 수 있을 정도로 잘 만든 탓이지 아이들의 능력이 뛰어나서가 아니다. 그나마 스마트폰은 어찌어찌 잘 다룬다 치더라도 PC로 옮겨 가면 사정은 완전히 달라진다.

4차 산업시대가 되기 전부터 컴퓨터, 인터넷은 우리 삶 전반에 자리했다. 컴퓨터와 인터넷이 없으면 그야말로 세상 모든 것이 순식간에 마비될 정도다. 그런데 이러한 시대에 태어나 자란 아이 중 컴퓨터 사용 경험이 없는 아이들이 의외로 많다는 것은 꽤 놀라운 일이다.

중·고등학생이 되면 그나마 조금 덜한데 초등학생들에게는 유독 아날로그를 고집하는 경향이 있는 듯하다. 한참 손에 힘주는 연습을 하고 글씨를 바르게 쓰는 것이 중요한 저학년과 중학년에게는 아날로그 방식의 학습이 중요할지라도 고학년부터는 슬슬 다양한 디지털 도구를 활용해 작업하는 연습을 해야 하지 않을까? 미국에서는 유치원 교육과정부터 본격적으로 컴퓨터 다루는 연습을 시작하고 디지털 문해력을 키우는 수업을 한다.

서울시는 2023년부터 서울시 소재 중학교의 모든 학생에게 스마트패드를 지원하는 '1학생 1기기' 사업을 시작한다고 밝혔다. 학생들은 스마트패드를 재학 기간 내내 가지고 다니면서 이를 활용한 수업을 하게 된다. 서울시는 이 사업을 본격 운영하기 전 몇몇 학교를 시범학교로 정해 먼저 사업을 시행해 보았는데 시범학교에서 학생들에게 가장 먼저 가르친 것은 타자 연습, 정보 검색법, 파일 다운·저장·설치, 파일 업로드, 문서·이미지·영상 파일의 확장자명, 파일 압축 등 아주 기본적인 내용이었다. 아이들의 컴퓨터 사용 능력이 생각보다 많이 부족해 첫 1~2주는 학생들에게 가장 기본적인 컴퓨터 사용법을 집중 교육했다고 한다.

가정에서도 기본 사용법을 연습하도록 지도해 보자. 기초적인 컴퓨터 사용 방법을 숙지했다면 그 후엔 프레젠테이션 자료 만드는 법, 문서 작성하는 법 등을 연습하는 것도 좋다. 독후감상문과 같이 길게 써야 하는 글, 인터넷으로 정보를 검색해 조사한 후 보고서를 작성해야 하는 과제 등을 워드 프로그램을 이용해 깔끔하게 작성할 수 있도록 해 보는 것이다.

한편 발표 자료를 만들 때도 온라인으로 검색한 이미지, 영상 파일 등을 삽입해 보기 좋은 프레젠테이션을 만들 수 있는데 이때는 군이 파워포인트를 사용하지 않아도 좋다. 최근에는 '미리캔버스', '캔바' 등 고퀄리티의 프레젠테이션 자료를 만들 수 있는 무료 플랫폼이 많으니 이러한 사이트를 적극 활용해 보는 것도 좋다. 워드 문서와 프레젠테이션은 자주 사용할 것이니 초등학교 고학년 때부터 이를 활용해 작업하는 방법을 습관화해 두면 유용할 것이다.

코딩과
인공지능을 가르쳐라

나는 국가 주도로 신설된 인공지능 융합교육 학과 대학원 1기 졸업생으로서 《한발 앞선 부모는 인공지능을 공부한다》라는 책을 출간했다. 서울시 교육청, 서울시 교육 연수원, 강서 양천 교육 지원청과 인공지능 교육에 관련된 다양한 활동도 하다 보니 인공지능 교육에 관한 인터뷰 요청도 자주 들어오는 편이다. 그때마다 빠지지 않고 등장하는 질문이 있는데 아이들에게 코딩 교육과 인공지능 교육을 왜 시켜야 하는지에 관한 것이다.

그도 그럴 것이 4차 산업시대를 이끄는 핵심 기술엔 인공지능 외에도 빅데이터, 사물인터넷, 드론, 3D프린터 등 다양한 것이 있다. 그런데 왜 유독 인공지능만 2025년부터 공교육에서 가르치고 전 세계 역시 인공지능 교육에 박차를 가하는 걸까? 2018년 맥킨지 보고서 발표에 따르면 인공지능은 세계 경제에 큰 영향을 미칠 것이며 국가별로 인공지능을 얼마나 기존 사회 시스템에 잘 도입하고 흡수시키느냐에 따라 미래 경제의 주도권이 결정된다고 한다. 이렇게 한 나라의 미래를 좌우할 정도로 인공지능이 갖는 파급력이 막강하다 보니 세계 각국은 인공지능에 능한 인재를 서둘러 양성하기 시작한 것이다.

미국은 유치원생부터 고등학생까지 학령기 전체를 아우르는 국가 수준의 인공지능 교육과정을 개발하고 있고, 중국은 인공지능 교과서를 개발하여 학교에 보급하고 있다. 중국 상하이에 있는 40개의 고등학교에서는 이미 수업을 진행하고 있다. 일본 역시 인공지능 전문가를 연간 2,000여 명씩 양성하겠다는 목표를 세우고 컴퓨터 프로그래밍 수업을 초등학교에서 필수로 실시하고 있으며, 영국은 초등학교부터 코딩 수업을 의무화해 모든 아이가 스크래치를 배우고 있다. 우리나라는 앞서 언급한 대로 2025년부터 공교육에서 인공지능을 가르칠 것이라 발표했다.

이제 사회 전반에 걸쳐 강력한 문제 해결의 도구는 인공지능이 될 것이다. 넷플릭스가 글로벌 기업으로 우뚝 솟을 수 있었던 이유도 인공지능으로 사용자 기록을 분석하여 맞춤 서비스를 제공했기 때문이다. 요즘 연예 기획사는 학교 폭력, 인성 논란 등으로 피해를 주는 연예인 대신 인공지능 연예인을 만들어 막대한 수익을 올리고 있다. 어디 이뿐인가. 인공지능은 인간 고유의 영역이라고 일컬어지던 창작 영역에도 진출해 신문 기사를 쓰고, 작곡을 하고, 그림을 그리고, 광고 카피까지 쓰는 등 무한한 역량을 펼치는 중이다.

이렇게 개인, 기업, 국가는 자신이 당면한 문제를 인공지능을 활용해 창의적으로 해결해야 하는 과제에 직면했다. 상황이 이러니 인공지능을 알고 활용할 줄 아는 인재에 대한 수요는 당연히 증가할 수밖에 없다. 앞으로의 사회는 인공지능 시대라고 해도 과언이 아닐 정도로 대다수의 문제를 인공지능을 이용해 해결할 것이다. 그러니 인공지능을 이해하고 활용할 수 있는 능력은 무척 중요해질 수밖에 없는 것이다.

내가 항상 드는 간단한 예가 있다. 우리 반에 쉬는 시간마다 자꾸 들어오는 다른 반 학생이 있다고 해 보자. 나는 이 친구가 우리 반에 들어와 교실에서 시끄럽게 떠들고 피해를 주는 것이 너무 싫다. 즉, 문제가 발생한 상황이다. 나는 이 문제를 해결하고자 한다. 문제를 해결하기 위해 다양한 방법을 떠올려 본다.

· 다른 반 학생 출입 금지라고 종이에 크게 쓴 뒤 교실 문에 붙이기
· 공포감을 주기 위해 혈서로 글씨를 쓴 뒤 교실 문에 붙이기
· 다른 반 학생이 오는 길목에 바나나 껍질을 두어 미끄러지게 하기

인공지능을 아는 학생이라면 가장 강력한 문제 해결 방법으로 인공지능을 떠올린다. 인공지능의 이미지 인식 기술을 이용해 다른 반 학생에게는 열리지 않는 문을 설계하는 것이다. 이는 다소 극단적인 예이지만 앞으로 인공지능이 왜 필요하며 인공지능을 잘 다루는 인재가 왜 각광 받을 수밖에 없는지 이해할 수 있을 것이다.

인공지능은 다른 방법보다 문제 해결의 효과가 큰 강력한 도구다. 인공지능을 알아야 문제 해결 방법으로 인공지능을 떠올리고 인공지능을 활용할 수 있어야 이를 적용한 해결책을 만들 수 있다. 평소 인공지능에 대해 알지 못하고 관심이 없는 학생은 문제 해결 방법으로 인공지능이라는 아이디어조차 떠올릴 수 없으며, 설령 아이디어를 떠올렸다 하더라도 인공지능을 활용할 수 없다면 인공지능을 통해 문제를 해결할 수 없는 것이다.

그렇다면 코딩 교육은 인공지능과 어떤 관계가 있을까? 인공지능 시대가 오는데 왜 코딩을 필수로 배워야 할까? 우리는 컴퓨터가 똑똑하다고 믿는다. 그러나 사실 컴퓨터는 그 자체로는 아무것도 할 수 없는 공기계에 불과하다. 각종 스마트 가전 역시 그 자체로는 아무것도 할 수 없는 텅 빈 기계일 뿐이다.

하드웨어가 똑똑하게 일을 하도록 만들기 위해선 소프트웨어를 넣어 주어야 한다. 그렇다면 똑똑한 소프트웨어는 어떻게 만들까? 사람이 명령문을 작성해 준다. 이렇게 명령문을 작성하는 과정을 '코딩'이라고 한다. 물론 여기까지는 기존에도 개발자들이 해 오던 일이다. 그런데 이제는 그냥 똑똑한 소프트웨어가 아닌, 사람을 능가할 정도로 똑똑한 인공지능 소프트웨어를 만드는 능력이 필요해졌다. 인공지능 소프트웨어를 만들 수 있는 능력을 갖고 있는지 아닌지에 따라 개발자의 몸값이 천차만별로 달라지고 이러한 역량을 가진 인재들은 앞으로도 인기가 식지 않을 것이다.

코딩 교육을 반드시 해야 한다는 입장과 그렇지 않다는 입장이 팽팽하다. 모든 사람이 인공지능 프로그램을 만드는 개발자가 될 것도 아닌데 굳이 어려운 코딩을 꼭 배울 필요가 있느냐는 것이다. 《AI시대, 문과생은 이렇게 일합니다》(전종훈 옮김, 시그마북스, 2020)의 저자 노구치 류지는 인공지능이 엑셀과 같은 도구가 될 것이라고 이야기한다. 즉, 지금 우리가 엑셀을 이용해 보다 수월하게 업무를 처리하는 것처럼 인공지능 역시 누구나 쉽게 사용하는 도구가 될 것이라는 전망이다. 우리는 엑셀을 사용할 때 엑셀의 개발 과정에는 관심을 두지 않는다. 프로그램을 만들고 프로그램을 개선하는 것은 개발자의 몫이다. 우리는 단지 엑셀을 사용하는 방법을 배워 업무에 활용할 뿐이다.

쉬운 예로 포토샵을 생각해 보자. 맨 처음 포토샵이 나왔을 때는 포토샵 활용 능력을 배운 사람만 자유자재로 사진을 편집할 수 있었다. 포토샵 아르바이트가 있을 정도였다. 그러나 이제는 개발자들이 누구나 쉽게 사진을 편집할 수 있는 각종 앱과 웹을 만들어 주었고 초등학생들도 터치 하나만으로 간편하게 사진을 보정할 수 있게 되었다.

인공지능도 앞으로는 누구나 쉽게 이용할 수 있도록 개발자들이 다수를 위한 앱과 웹을 만들 것이다. 실제로 MS·구글·아마존·네이버·LG CNS 등의 기업이 문과생도 쉽게 할 수 있는 코딩 프로그램을 만들며 '노코드(NO CODE)' 시대를 열기 위해 프로그램을 개발하고 있다.

따라서 인공지능 프로그램을 직접 개선하고 개발할 개발자를 꿈꾼다면야 전문 코딩을 배우고 이를 훈련해야겠지만, 일반인 다수가 코딩 교육을 의무적으로 배워야 하는 것인지 반론이 있는 것이다. 개발자가 아닌 사람은 오히려 누구나 쉽게 쓸 수 있는 인공지능 프로그램을 이용해 실생활 문제를 해결하는 역량을 더욱 키워야 하는 것이 아니냐는 주장이다.

나 또한 현재 인공지능 교육에 대한 관심이 전 세계적으로 뜨겁고, 미래 유망 직종에 인공지능 관련 직업이 상위를 차지한다고 해서 맹목적으로 코딩 교육에 집중하는 것은 바람직하지 않다고 본다. 인공지능이 대중화되어 누구나 손쉽게 쓸 수 있는 도구가 되기까지 시간이 어느 정도 걸릴 것이다. 현재도 조금만 공부하면 쓸 수 있는 인공지능 프로그램이 있지만 코딩을 알지 못하면 진입 장벽이 높은 것도 사실이다. 지금의 아이들이 실제 현장에서 일할 때는 지금보다 사용하기 편리하고 좀 더 대중화된 인공지능 프로그램이 나오겠지만 이 또한 기본 코딩 능력만 있으면 될 것이다. 하물며 간단한 인공지능을 활용해 문제 해결을 하려면 엔트리 코딩 정도는 할 수 있어야 한다.

그렇다면 인공지능 교육과 코딩 교육은 어떻게 시작하면 좋을까? 인공지능은 교육하는 사람이 어느 정도의 개념과 지식을 갖지 않은 상태에선 가르치기 어렵다. 최근 학교 선생님들을 대상으로 인공지능 교육 관련 연수가 급격하게 이루어지고 있지만 막상 연수를 들어도 교실에서 이를 따라 하는 것이 쉽지 않다. 가정에서 손쉽게 실천할 수 있는 것은 일단 아이들에게 인공지능의 중요성을 계속해서 일깨워 주고 인공지능에 관심을 가질 수 있도록 관련 서적과 영상, 뉴스 등을 꾸준히 접하게 하는 일이다.

만약 이로는 부족하다는 생각이 들면 부모가 먼저 인공지능 교육과 관련된 쉬운 서적을 읽고 인공지능이 무엇인지, 어떻게 교육해야 하는지 방향성을 이해하면 좋을 듯하다. 부모가 먼저 인공지능 교육 방향을 이해해야 인공지능을 체험하는 각종 앱과 웹을 효과적으로 경험하도록 도와줄 수 있기 때문이다. 온라인상에는 인공지능을 체험할 각종 도구가 꽤 많이 소개되어 있고 정보도 충분하다. 그러나 이를 맹목적으로 체험해 보는 것은 인공지능을 이해하는 데 별다른 도움이 되지 않을 수 있다.

부모가 인공지능을 공부할 시간이 부족하고 인공지능을 체험할 앱과 웹을 아이와 꼼꼼히 볼 엄두가 나지 않는다면 코닝 교육을 먼저 시작해 보는 것도 나쁘지 않다. 코딩을 코딩 그 자체로만 배우지 않도록 부모가 옆에서 방향을 잘 점검해 주어야 한다. 방과 후 수업, 학원 등에서 제시하는 예제를 따라 하고 예제를 익히는 데만 그칠 것이 아니라 기관에서 배운 코딩으로 창의적인 문제를 해결할 수 있도록 가이드를 해 줘야 한다.

내가 아이들과 수업했던 사례를 소개해 보려 한다. 학교 급식실 문제를 엔트리로 해결했던 수업이었다. 학교 급식실에서 식사를 하면 많은 아이가 자신의 자리와 바닥에 흘린 음식물이 있음을 알고도 치우지 않고 간다. 이를 문제 상황으로 인식하고 학급 아이들과 엔트리 코딩을 이용해 어떻게 하면 이 문제를 해결할 수 있을지 고민했다. 그 결과 엔트리의 인공지능 이미지 인식 블록을 활용해 간단한 코딩을 한 뒤 해당 노트북을 급식실에 설치했다. 흘린 음식물을 휴지로 치운 뒤 노트북 카메라에 인식시키면 칭찬 멘트가 나오는 프로그램이었다. 아이들은 이러한 경험으로 코딩이 문제 해결의 도구가 된다는 것을 생생히 인식했다. 또한 추후 문제가 발생했을 때도 코딩으로 문제를 해결하려는 모습을 보였다.

위의 사례를 참고로 자녀의 코딩 수업 상황을 수시로 점검하고 배운 코딩을 활용해 실제 문제를 해결할 수 있도록 안내해 주면 좋을 것이다.

추천하는 인공지능 코딩 프로그램

· 스크래치 주니어

본격적으로 코딩을 시작하기 전 입문용으로 활용하기 좋은 프로그램. 스크래치, 엔트리보다 쉽게 구성되어 있어 초등 저학년도 어렵지 않게 다룰 수 있다. 코딩을 재미있고 쉬운 것으로 받아들이고 추후의 코딩 학습을 즐기며 할 수 있도록 돕는다. PC, 스마트패드에서 모두 사용 가능하며 스마트패드에 설치하여 사용하는 경우 '스크래치주니어'로 검색하면 쉽게 다운로드할 수 있다.

· 엔트리

미국 MIT에서 개발한 스크래치의 우리나라 버전. 이미지 인식, 문자 인식, 음성 인식 등 인공지능 블록 기능을 제공하며, 마이크로비트 등 각종 피지컬 컴퓨팅 교구와도 연동된다. 우리나라에서 개발된 프로그램인 만큼 우리나라 학생들이 가장 사용하기 쉬우며 관련 교재, 정보, 자료 등도 많다.

· 코스페이시스

인공지능 블록은 제공하지 않지만 코딩으로 가상현실을 구현할 수 있다는 것이 장점이다. 코딩을 해 직접 생생한 3D 현실을 만들 수 있으며 카드보드로 완성한 작품을 증강현실·가상현실(AR·VR)로 감상할 수 있다. 무료 버전을 제공하고 있으나 보다 다양한 기능을 활용해 완성도 있는 작품을 만들고 싶다면 유료 버전을 추천한다.

인공지능을 이해하는 데 도움이 되는 사이트

· **소프트웨어야 놀자(https://www.playsw.or.kr/)**

인공지능의 이해를 돕는 다양한 영상이 있다. 영상의 길이가 길지 않고, 초등학생도 이해할 수 있는 쉬운 설명이 장점이다. 부모를 대상으로 한 인공지능 연수도 진행하니 꾸준히 방문해 일정을 확인하는 것이 좋다.

· **EBS 이솦(https://www.ebssw.kr/)**

인공지능의 이해를 돕는 자료와 블록 코딩, 텍스트 코딩, 재미있는 게임 형태의 코딩 프로그램을 다양하게 제공한다. 초등, 중등, 고등, 학부모 등 대상에 따른 인공지능 강좌를 볼 수 있다. 화상 멘토링 서비스도 제공하므로 학습 중의 어려움과 궁금증도 쉽게 해결할 수 있다.

부모에게 추천하는 인공지능 관련 도서

· **《챗GPT 새로운 기회》(김재필, 브라이언 곽, 한스미디어, 2023)**

챗GPT의 등장으로 본격적으로 시작된 인공지능 시대를 어떻게 인식하고 준비해야 하는지 상세히 설명한다. 초거대 생성 AI의 등장으로 새롭게 떠오르는 경제와 산업 분야는 무엇인지 미래를 내다보고 준비할 수 있도록 돕는다.

· **《한 발 앞선 부모는 인공지능을 공부한다》(이명희, 성안당, 2022)**

인공지능 교육을 하기에 앞서 부모가 어떤 방향을 갖고 접근해야 하는지 자세히 설명하고 있다. 가정에서 체험할 수 있는 인공지능 앱과 웹에 대한 정보도 상세히 제공한다.

· 《AI 최강의 수업》(김진형, 매일경제신문사, 2020)

인공지능을 이해하기 쉽게 설명해 놓은 책. 인공지능의 의미, 인공지능 관련 용어 및 기술 등 인공지능 자체에 대해 이해하고 싶은 부모에게 추천한다.

· 《AI 시대, 문과생은 이렇게 일합니다》(노구치 류지, 전종훈 옮김, 시그마북스, 2020)

모두가 개발자, 데이터 사이언티스트가 될 수는 없다. 그렇다면 컴퓨터, 수학을 전공하지 않은 학생들은 인공지능 시대에 어떠한 역량을 개발해야 하며 어떻게 살아남을 수 있을까? 이에 대한 실마리를 제공한다.

이슈가 되는 기술은
전부 경험해 보자

〈생활의 달인〉이라는 프로그램이 있다. 2005년에 시작해 지금까지 방영되고 있는 장수 프로그램으로 해당 프로그램을 검색해 보면 다음과 같은 설명이 나온다.

"수십 년간 한 분야에 종사하며 부단한 열정과 노력으로 달인의 경지에 이르게 된 사람들의 삶의 스토리와 리얼리티가 담겨 그 자체가 다큐멘터리인 달인들의 모습을 담은 프로그램."

〈생활의 달인〉에는 그야말로 입이 떡 벌어질 만한 달인들이 등장한다. 달인의 경지에 오르기까지 얼마나 많은 시간과 노력이 있었을까 하고 존경심이 절로 일기도 한다. 그런데 우리 아이들이 살게 될 세상에선 '생활의 달인'의 의미가 달라질지도 모르겠다. 수십 년간 한 분야에 종사하기보다 수십 년간 최대한 여러 분야에 종사하여 다방면의 기술을 자유자재로 활용할 수 있는 사람이 달인의 경지에 오르게 될 것이기 때문이다.

앞에서 다룬 I형 인재와 T형 인재를 기억하는가. 다방면의 지식과 다양한 기술을 활용하여 융합적으로 사고하고 문제를 해결할 수 있는 인재가 앞으로는 '달인'의 칭호를 받을 것이다.

내가 쓸 수 있는 도구가 많을수록 여러 분야의 문제를 해결할 수 있고, 그만큼 하나의 문제도 색다른 방법으로 해결할 수 있다. 또한 그 도구들을 여러 가지로 조합하여 다른 사람들과 더 창의적인 방법으로 문제를 해결할 수도 있다. 내가 가진 도구가 지금 이 시대가 원하는 종류의 도구라면 그 유용성은 말할 것도 없다. 이러한 이유로 아이들에게 최대한 다양한 도구를 경험하도록 기회를 마련해 줘야 한다.

3D펜, 3D프린터, 각종 메타버스 웹과 앱, 드론, 목공, 전기·전자 회로 등 학생들이 마음만 먹으면 체험할 수 있는 도구와 정보가 무궁무진하다. 이러한 것들을 전문적으로 공부하지 않아도 좋다. 그러나 조금이라도 아는 것과 그렇지 않은 것, 해 본 것과 해보지 않은 것은 천지 차이다. 조금이라도 알고 경험해 본 섯은 문

제를 해결해야 하는 순간에 해결 방법으로 머릿속에 전구를 밝히며 '툭' 하고 떠오르기 때문이다.

그동안 문제 해결 방법으로 그림 그리기, 표어 만들기, 캠페인 문구 붙이기 등을 떠올렸다면 이제는 3D펜과 3D 프린터로 실물을 만들어 본다든지, 메타버스 웹을 이용해 증강·가상현실 콘텐츠를 구현해 본다든지, 직접 전기 회로를 만들어 작동을 시켜 본다든지 등의 새로운 방법을 사용할 수 있게 된다. 또한 문제 해결에 좀 더 깊은 지식과 활용 방법이 필요하다면 해당 도구를 단기간 집중 공부해 능력치를 끌어올릴 수도 있다. 이런 식으로 각종 도구에 대한 지식을 점점 더 잘 이해하게 되면 나도 모르는 사이에 다양한 분야에 대한 꽤 넓은 지식과 활용 능력이 생기는 것이다.

이런 정보와 교육 기회는 어디서 얻을 수 있을까? 먼저 추천하는 것은 각 지역 교육청의 과학전시관 프로그램이다. 서울시를 예로 들면 '서울특별시교육청 과학전시관'이 있다. 이 전시관에서는 현재 가장 주목 받고 있는 미래에 유망한 각종 과학, 기술과 관련한 연수와 교육을 발 빠르게 진행한다. 국가 차원에서는 이러한 과학과 기술을 잘 활용할 인재를 기르는 것이 매우 중요한 과업이므로 학생들이 신속히 교육 받을 수 있도록 지원을 아끼지 않는다. 그러므로 과학전시관 홈페이지를 수시로 방문해 다양한 교육·체험 프로그램을 신청하여 참여해 보자. 과학전시관 홈페이지의 연수·교육 목록을 살펴보는 것도 의미가 있다. 현재 이슈인 과학·기술 중심으로 프로그램과 연수를 활발히 진행하기 때문에 프로그램과 연수 목록만 보더라도 우리 아이들이 어떤 것을 경험하고 어떤 활용법을 익히면 유익한지 방향성에 대한 실마리를 얻을 수 있을 것이다.

각 교육지원청에서 운영하는 발명·과학 창의 프로그램에 참여해 보는 것도 좋은 방법이다. 서울시를 예로 들면 강서양천교육지원청, 남부교육지원청, 강동송파교육지원청, 강남서초교육지원청 등 교육지원청별로 분기마다 실시하는 프로그램이 있다. 이러한 공지는 보통 학급 담임 선생님을 통해 학생들에게 전달되거나 가정통신문, 학교 홈페이지에 게시되기도 한다. 때때로 바쁜 업무에 치여 담임교사가 전달을 놓치는 경우도 있으니 수시로 학교 홈페이지에서 소식을 확인해 보는 것이 좋다.

과학전시관이나 교육지원청 프로그램에는 다양한 장점이 있다. 첫째는 강사진이 훌륭하다는 점이다. 보통 이러한 기관들의 강사들은 현직 교사들이 몇 년간 파견을 나와 해당 기관에서 근무 중인 경우가 많다. 교사들은 이 분야에 대한 열정이 있어 스스로 연구하며, 대학원에서 석·박사 학위를 취득하는 등의 전문성을 갖추고 있다. 또한 현직 교사 출신이다 보니 학생들에게 애정을 가지고 보다 효과적으로 지도할 수 있다.

마지막으로 이렇게 국가에서 운영되는 기관, 더군다나 과학·기술과 관련된 분야의 기관들은 예산 지원을 풍부하게 받는다. 더 많은 학생을 유치해서 이윤을 추구하는 기관이 아니기 때문에 기관 홍보비, 학생 관리비, 환경 구성비 등에 대한 지출이 상대적으로 적어 교구, 기기 구입 등 순전히 교육에 투입할 수 있는 예산이 많다. 장비 수도 풍부하고 좋은 장비가 많으며 교육 프로그램에 따라서 사용한 교구를 학생에 지급하는 경우도 있다.

만약 위의 기관들에서 이루어지는 체험 활동이나 교육 프로그램의 기간이 너무 짧다고 느껴지거나 혹은 경쟁률에 밀려 선발되기 쉽지 않다면 가정에서 혼자 연습할 수 있는 방법도 있다. 우선 교육지원청, 과학전시관에서 제공하는 교육 프로그램을 꼼꼼히 살펴보며 최근 어떤 분야에 대한 교육이 많이 이루어지고 있는지 확인하는 것이다. 그리고 이들 중 장비가 비교적 저렴하고 사용 방법이 쉬워 가정에서 충분히 해 볼 만한 것을 선정한다. 예를 들어 3D펜을 가정에서 연습해 보고자 선택했다면 유튜브에서 관련 영상을 찾아 쉽게 따라 할 수 있을 것이다.

'메이커 교육'이라는 키워드로 도서와 영상을 검색해 보는 방법도 있다. 메이커 교육에서는 손으로 그리고 종이를 접는 것부터 3D펜, 3D프린터, 목공, 공예, 전기·전자 회로, 코딩 등 여러 방법으로 문제를 해결한다. 이러한 내용을 다룬 도서 중에는 도서에서 다루는 예제에 필요한 준비물을 꾸러미로 구성해 도서와 함께 묶어 파는 경우도 많다. 도서와 키트를 구입해 목차에 따라 차례대로 경험해 보는 것도 좋은 방법이다.

기술 연마,
결국은 문제 해결

여러 도구를 체험하고 관련 지식과 활용 능력을 쌓아 가는 과정에서도 잊지 말아야 할 것이 있다. 이는 문제 해결을 위한 도구라는 것이다. 팅커캐드에서 3D 프린터로 출력할 모형을 설계할 수있다고 해서, 메이키메이키를 이용해 DIY 전자 악기를 만들 수 있다고 해서, 앱인벤터를 이용해 앱을 만들 수 있다고 해서 만족하지말아야 한다는 뜻이다. 유튜브 영상을 그대로 따라 하거나, 교재에 나온 예제를 그대로 따라 하고 혹은 이를 응용해 새로운 무언가를 만들 수 있다 하더라도 막상 이를 어디에 써먹어야 할지 모른다면 이는 장롱에 고이 모셔 둔 운전면허증과 크게 다르지 않다.

아이가 배우고 익힌 것을 활용해 실생활 문제를 해결하는 과정을 경험하도록 도와주기 바란다. 3D 프린터로 출력한 결과물이 도움이 될 영역은 무엇일지, 어떻게 하면 3D 프린팅 기술로 어려운 사람에게 도움을 줄 수 있을지, 어떠한 사회 문제를 해결할 수 있을지 좋은 문제를 발견하고 해결하는 경험을 하는 것이다. 예를 들어 3D프린터로 의수, 의족을 만든다는데 혹시 깁스는 3D프린터로 만들 수는 없는 것인지, 무겁고 불편한 헬멧을 3D프린터로 만들고 안전성을 담보할 방법은 없는 건지 등 여러 문제를 해결할 방법을 찾고 실제 내가 가진 기술을 활용해 문제를 해결하는 경험을 해 보는 것이 도움이 된다.

뜻대로 잘되지 않거나 끝끝내 실패하더라도 괜찮다. 끝없이 나의 주변과 이 세상의 문제를 탐구하고 이를 창의적인 방법으로 해결해 보려는 과정 자체가 엄청난 도전이며 산 경험이자 생생한 공부가 될 수 있다. 결과의 성공 여부와 상관없이 이러한 경험은 앞으로 자녀의 성장에 크나큰 양분이 될 것이며 결국 성공으로 이끌어 줄 것이다.

행복한 아이로 키우자

지금까지 어떻게 하면 자녀에게 미래 역량을 길러 줄 수 있는지 구체적인 방법을 소개했다. 이 과정이 입시 공부를 하는 것과 비슷한 방식으로 아이들에게 또 다른 고통과 부담으로 작용해서는 안 될 것이다. 우리 아이들이 생활 속 문제를 발견하고 스스로의 노력으로 해결하고 공동체에 기여하며 보람과 기쁨을 느끼고 궁극적으로는 행복하길 바란다.

부모님들에게 또 한 가지 부탁하고 싶은 것은 내일의 행복을 위해 오늘을 담보로 하지 말자는 것이다. "눈 딱 감고 몇 년만 고생해. 입시만 잘 끝내면 행복한 미래가 기다릴 거야." 부모가 아이들에게 참으로 많이 하는 말이다. 그러나 요즘은 행복에 대한 가치관이 점차 변하고 있다. 오늘이 행복해야 내일도 행복하다고 여긴다. 우리 아이들에게도 행복한 미래를 위해 오늘을 희생하고 감내하라고 말하기보다 행복하게 공부하고 행복한 오늘을 살 수 있도록 도와야 할 것이다.

그런데 어른도 아이도 막상 행복해지는 방법을 모르는 경우가 많다. 내가 무엇을 좋아하는지, 어떤 것을 했을 때 보람을 느끼는지 나의 행복에 대해 골똘히 생각해 본 적이 드물기 때문이다. 행복할 시간이 주어져도 이를 어떻게 사용할지 몰라 핸드폰만 보며 허비한다거나 무의미하게 흘려보내기도 한다. 행복도 연습해야 누릴 수 있다.

아이들이 행복을 연습하고 충분히 여가를 즐길 수 있도록 바쁜 하루 중 힐링 시간을 확보해 주어야 한다. 어릴 적부터 아이들이 자신이 좋아하는 것이 무엇인지 나의 흥미가 무엇인지 스스로 발견하고 이를 즐길 수 있게 해야 한다. 또한 아이가 자신이 좋아하는 일을 하며 온전한 행복을 누릴 수 있는 시간을 약속한 뒤 그 시간을 꼭 보장해 준다면 아이는 하루하루 행복한 순간을 경험할 수 있을 것이다. 이러한 시간은 아이 자신에게도 중요하지만 미래 역량을 기르는 측면에서도 효과적이다. 자신이 행복해야 주변도 보이고 타인을 돕고 배려할 여유도 생기기 마련이다.

학교에서 아이들을 보면 친구와의 우정, 사람 사이의 따뜻한 정을 경험할 때 무척 즐거워한다. 그런데 학원 다니느라 바쁜 아이들은 친구들과 충분히 어울릴 수 있는 경험과 시간이 부족하다. 아이들과 주말에 체험 학습을 가는 것도 좋지만 가끔은 친구들과 '찐하게' 노는 기회를 주는 것도 행복한 아이로 기르는 좋은 방법이다.

마지막으로 행복한 아이로 키우기 위해 공부, 성적의 관점에서 아이를 바라보기보다 아이의 또 다른 강점을 찾아 칭찬해 줄 것을 부탁 드리고 싶다. 또한 아이의 능력을 칭찬하기보다 아이가 노력하는 과정을 칭찬하고 어제보다 조금이라도 성장한 부분이 있다면 긍정적인 피드백을 주자.

비슷한 맥락에서 아이가 숙제를 했거나 무언가를 만들었거나 어떤 형태의 결과물을 냈을 때 그 결과가 다소 부모의 성에 차지 않더라도 아이가 스스로의 힘으로 완성하고자 한 그 노력을 칭찬해 주었으면 좋겠다. 이러한 피드백을 받은 아이들은 스스로 노력하고 성장하는 과정에서 기쁨과 행복을 느낄 것이다.

4부

미래를 내다보는 자녀 교육,
이것까지 욕심내자

13장

내 아이를 브랜딩 하라

아이의 흥미를
콘텐츠로 만들어라

내가 금요일마다 하는 일이 있다. 한 주의 수업을 정리해 개인 블로그에 올리는 일이다. 수업 설계 의도, 수업 과정, 수업 결과 등 자세한 이야기를 수업 활동사진, 아이들이 제출한 활동지, 결과물과 함께 정성스레 포스팅한다. 블로그에 글을 올리는 일은 의외로 많은 시간과 품이 들며 꽤나 번거롭다. 그럼에도 내가 이 일을 계속하는 이유는 교사로서 나를 브랜딩 하기 위함이다. 실제로 게시물이 쌓여 갈수록 블로그를 보고 연락이 오는 일이 늘었다. 강의, 인터뷰 요청을 받았고 교육청, 교육연수원 등에서 함께 일하자는 제안을 받기도 했다.

《생각이 너무 많은 서른 살에게》(메이븐, 2021)의 저자 김은주 구글 수석디자이너 역시 다양한 매체를 통해 나를 알리는 것이 채용에 도움이 된다고 이야기한다. 꾸준하게 나의 능력을 기록하여 보여 주는 것은 해당 분야에 대한 나의 열정, 전문성, 성실함을 보여 주는 생생한 자료가 되기 때문이다.

입시와 취업을 준비하면 이력서, 포트폴리오 등을 제출해야 할 때가 많다. 이는 내가 해당 학교나 학과, 해당 기업에 이르기 위해 그간 어떠한 노력을 했으며 무엇을 할 수 있는지 보여 주는 자료다. 그런데 그 자료에 10년 이상 꾸준히 노력한 과정이 고스란히 담겨 있다면 어떨까. 그 누구도 지원자의 진정성과 열정, 성실함, 전문성을 의심하지 못할 것이다.

학교에서 아이들을 만나다 보면 모든 아이에게서 흥미와 강점을 발견할 수 있다. 그림을 좋아하는 아이, 동물에 관심이 있는 아이, 랩을 사랑하는 아이, 작곡을 즐겨 하는 아이, 게임을 개발하는 아이, 농구를 좋아하는 아이, 취미로 글을 쓰는 아이 등 저마다의 능력을 가꿔 주고 개발해 주고 싶은 마음이 든다. 내 아이가 좋아하거나 잘하는 것이 있고 이를 취미생활로 하고 있다면 이를 놓치지말고 차곡차곡 콘텐츠로 만들어 보자. 그 수준이 대단하거나 화려하지 않아도 괜찮다. 아이의 꾸준함이 일구어 낸 성장 과정 역시 진정성 있는 콘텐츠가 될 것이다.

예를 들어 보자. 마이크 윈켈만은 그림 실력이 형편없는 컴퓨터 과학도였다. 그림을 잘 그리고 싶었던 그는 SNS에 매일 하나씩 자신이 그린 작품을 올렸고 그것이 14년간 이어져 5,000여 편의 작품을 올렸다. 그의 진정성과 성장 과정은 사람들에게 전해졌고 결국 그는 유명해져 비플이라는 예술가로 활동하고 있으며 그의 작품은 높은 가격으로 판매되고 있다.

아이가 그림, 동물, 랩, 작곡 등으로 입시에 도전할 계획이거나 이와 관련한 직업을 가질 예정이 아니어도 좋다. 중간에 아이의 취미가 바뀌어도 괜찮다. 아이가 꾸준히 관심 갖고 취미로 즐기고 있는 어떤 활동이라도 계속 기록하여 콘텐츠화 하자. 그림을 그리고 만드는 것에 취미가 있다면 아이가 그린 그림, 만든 작품 등을 기록하고, 동물을 키우는 중이라면 동물을 입양한 계기, 동물을 키우는 데 필요한 용품을 구매하는 과정, 함께 생활하는 과정, 그 과정에서 발생하는 소소한 에피소드 등을 전부 기록하는 것이다. 별다른 취미가 없어도 무언가를 꾸준히 기록하겠노라 마음만 먹는다면 콘텐츠화 할 것은 쉽게 발견할 수 있다. 스스로 공부 계획을 세워 어떻게 공부하는지 과정을 꼼꼼히 기록해도 좋고, 읽고 있는 책의 리뷰를 올리는 것도 좋다. 하루하루 꼼꼼하게 숙제한 공책을 올리는 것도 모두 콘텐츠가 될 수 있다.

콘텐츠를 올리는 채널도 무척 다양하다. 가장 간단한 방법은 인스타그램, 틱톡 등의 SNS이고, 유튜브, 블로그 등의 채널도 있다. 또한 어떤 분야든 해당 분야를 사랑하는 사람들이 이룬 커뮤니티가 활성화되어 있는데 커뮤니티에 가입해 작품을 공유하고 피드백과 해당 분야에 대한 정보를 얻을 수도 있다. 실제로 커뮤니티에 꾸준히 작품을 올리고 열심히 활동하는 회원 중 십 대가 많은 부분을 차지하고 있다. 커뮤니티에서는 성별, 나이 등에 구애받지 않고 해당 분야에 대한 순수한 열정과 콘텐츠만 있으면 누구든 소통할 수 있다는 장점이 있다.

한편 아이 콘텐츠를 직접 수익화해 볼 수도 있다. 아이디어와 스토리, 약간의 판매 전략만 있으면 아이가 만든 콘텐츠도 충분히 판매할 수 있다. 미성년자는 가입에 제약이 있지만 부모의 계정을 이용한다면 다양한 채널을 이용해 볼 수도 있다. SNS를 이용한 세포마켓, 크라우드 펀딩 사이트 '텀블벅', '아이디어스' 등의 플랫폼은 누구나 판매할 수 있는 경로를 갖추고 있다.

나는 '텀블벅'에서 학급 아이들이 만든 그림책을 투자 받아 제작해 약간의 수익을 얻기도 했다. 물론 수익금은 학급 아이들에게 선물로 전부 나누어 주었다. 이 외에도 아이가 쓴 글을 책으로 출판하고자 한다면 '브런치' 플랫폼에 글을 꾸준히 올려보는 방법도 있다. '브런치'는 글을 쓸 수 있는 권한을 얻기 위해 심사를 통과해야 한다. 이 외에도 웹툰을 만들어 연재할 기회를 얻는다든지, 이모티콘을 디지털 드로잉으로 만든 후 '카카오톡 이모티콘'에 제안해 보는 것도 좋다. 엄청난 '금손'이 아니어도, 전문가 수준의 기술을 갖고 있지 않더라도 위에서 언급한 플랫폼의 진입 장벽은 의외로 낮은 편이다. 그러니 꾸준히 두드려 보길 바란다.

나의 흥미를 콘텐츠화하여 꾸준히 관리하고 이로써 수익을 얻는 과정에서 아이들은 다양한 경험을 한다. 일단 아이들의 자존감과 행복에 기여한다. 아이들은 꾸준히 작품 활동을 함으로써 이에 대한 보람을 느끼고 해당 분야의 실력을 향상시킬 수 있다. 성취감을 얻고 나의 콘텐츠로 누군가와 소통하는 즐거움도 경험할 수 있다. 또한 자신의 콘텐츠로 수익을 낸다면 그때의 기분과 짜릿함은 이루 말할 수 없을 것이다.

두 번째는 급변하는 다양한 플랫폼 환경을 이해할 수 있다는 점이다. 이는 앞으로 아이가 어떤 일을 하게 되든지 큰 도움이 될 것이다. 아이들은 플랫폼에 자신의 콘텐츠를 올리고 다수의 반응을 살피며 자신도 모르는 사이 대중이 원하는 것을 파악하고 자신의 콘텐츠를 돋보이게 하거나 더 많은 반응을 끌어내도록 마케팅 전략을 연구할 것이다. 또한 어떻게 하면 무수히 쏟아지는 콘텐츠 속에서 나의 콘텐츠를 빛나게 하고 사람들에게 주목 받을 수 있을지, 어떻게 하면 효과적으로 브랜딩 할 수 있을지 연구할 것이다. 자신의 콘텐츠를 수익화하는 데 성공했다면 이는 작은 창업을 시작한 것과 다름없는 경험이 될 것이다.

마지막 장점은 이러한 흔적이 아이의 크나큰 포트폴리오가 되리라는 사실이다. 게시된 콘텐츠 자체가 아이의 진정성 있는 포트폴리오가 되는 것은 물론, 아이가 경험으로 얻은 생각과 깨달음 역시 또 하나의 이야기가 될 수 있다. 콘텐츠를 통해 사람들과 소통했던 경험, 첫 수익을 얻었을 때의 기쁨, 아무것도 없이 시작한 블로그, 유튜브 채널에 구독자가 생기기 시작했을 때의 희열 등 콘텐츠화 과정에서 경험한 생생한 에피소드는 자소서, 이력서 등에 활기를 불어넣어 줄 것이며 면접, 역량 평가에서도 평가자의 마음을 움직이는 '킬링 콘텐츠'로 그 역할을 톡톡히 해 줄 것이다.

시험 성적, 상장, 자격증 대신 '이것'을 모으자

자녀의 포트폴리오를 적극 관리하는 부모님들은 아이들의 성적, 경시대회 수상 경력, 자격증 취득 등에 주로 집중한다. 그러나 현장에서 학생들과 수년간 지내본 교사, 교수, 관리자들과 많은 인재와 수년간 일해 본 기업의 업무 담당자, 인사 관리자, 임원급은 결코 이러한 스펙이 개인을 온전히 나타내 주지 못한다는 것을 잘 알고 있다.

하물며 작은 교실만 봐도 그렇다. 한국사 능력 시험, 한국어 능력 시험 등에서 높은 급수를 가진 학생, 각종 컴퓨터 관련 자격증을 갖고 있는 학생, 영재로 선발되어 영재원에 다니는 학생, 각종 외부 수학 경시대회에서 상을 받은 학생, 영어를 원어민처럼 유창하게 하여 영어 말하기 대회, 영어 토론 대회에서 상을 받은 학생들을 그간 교실에서 만나 왔다. 그런데 만약 내가 상급학교 진학을 위해 추천서를 써 줘야 한다거나, 입시 담당자라면 이들을 추천하고 선발할 것인지 자문해 보았을 때 나의 답은 '그렇지 않다'이다.

물론 훌륭한 스펙을 가진 학생 중에서도 교우 관계가 원만하고 사회성이 좋으며 모둠 활동도 잘하고, 창의적인 아이디어를 내는 데 적극적이며 여러 영역에 눈을 반짝이는 학생들이 있다. 이러한 학생들을 보면 누가 시키지 않아도 이 학생을 반드시 선발하고 채용해야 한다며 여기저기 찾아가서 소문이라도 내고 싶을 정도다. 이런 학생들을 만난다면 담임교사로서도 그 한 해는 행운이다.

내가 전하고 싶은 말은 자격증, 성적, 경시대회 등의 스펙이 개인을 판단하고 함께하고 싶은 인물인지 판단하는 데 그다지 영향을 미치지 못한다는 것이다. 대학, 기업의 담당자 또한 경험적으로 이러한 능력이 실제 업무 수행 능력이나 문제 해결력, 협업 능력에서 큰 효과를 내지 못한다는 것을 알고 있으며 오히려 한 명의 뛰어난 인재보다 그렇지 않은 여럿이 협업할 때 더욱 좋은 결과물이 나온다는 것을 알고 있다.

종종 학교에서 아이들의 과제를 살펴볼 때 어떻게 하루도 빠짐없이 과제를 이토록 정성스럽게 할 수 있을까 하고 존경심이 드는 경우가 있다. 어떤 아이는 교과 시간이든, 담임 시간이든, 외부 강사 시간이든 모든 영역에 흥미를 느끼고 적극적으로 임해 그 에너지와 호기심에 감탄이 나올 때도 있다. 그런가 하면 프로젝트 수업에 열성적으로 아이디어를 내고 정성스러운 수행 결과물을 만드는 아이, 독서감상문을 기가 막히게 쓰는 아이, 쉬는 시간이 되었는데도 놀지 않고 수학 익힘책의 모르는 문제를 끝까지 고민하는 아이, 모르는 것은 반드시 물어 해결하는 아이 등 아무 기록도 남기지 않고 버리기엔 아까운 역량을 가진 아이들이 많다.

바로 이런 아이들의 구체적인 강점을 부모가 하나하나 수집해 두어야 한다. 내 아이가 하루도 거르지 않고 정성스레 쓴 배움 공책, 사회 공책의 필기, 독서감상문을 버리지 말고 꼭 모아 두자. 아이의 결과물에 담임교사의 구체적 피드백과 칭찬이 있다면 더할 나위 없이 좋은 자료가 된다. 아이들의 손때 묻은 꾸준한 기록이 자격증, 성적, 경시대회 스펙 이상의 효과를 발휘할 것이다. 이런 자료를 모아 두고 필요할 때 부분 부분을 발췌해 스캔한 뒤 입시 또는 채용 서류에 첨부하는 것이다.

학생이 학교에서 문제 해결 프로젝트 수업을 경험했다면 그때 어떤 문제를 해결하기 위해 어떤 결과물을 도출했으며 아이는 그중 구체적으로 어떤 아이디어를 내고 어떤 역할을 했는지 기록해 두는 것도 좋다. 이때에도 아이가 프로젝트 과정에서 수행한 각종 활동지, 필기, 결과물 등을 사진으로 찍을 수 있다면 모두 찍어 수

배움 공책을 열심히 쓴 학생에게 주었던 피드백

집해 두자. 담임교사가 이를 보관하고 있다면 담임교사에게 요청한 뒤 사진으로 기록할 것을 추천한다.

담임교사나 학원 선생님이 아이에게 칭찬한 모든 것도 꼼꼼히 모아 두면 유용하다. 담임교사의 경우 아이들에게 학기 중 편지를 쓰는 일이 있는데 이때 적은 칭찬은 훗날 아이를 보증하는 좋은 자료가 될 수 있다. 담임교사는 부모 이상으로 아이와 시간을 오래 보낸 사람으로서 아이에 대해 잘 아는 사람 중 한 명이다. 학창 시절 아이가 만났던 교사의 긍정적 피드백을 연대순으로 쭉 나열하면 아이에 대한 공통적인 칭찬이 있을 것이고 이는 아이를 입증하는 객관적 자료가 될 수 있다.

요즘 배달 앱, 각종 쇼핑몰은 물론 영화, 도서, 공연, 강연까지 모든 영역에서 실사용자와 관람객, 참여자의 후기를 모아 마케팅 자료로 활용한다. 생생한 후기는 불특정 다수의 마음을 움직이고 마케팅 효과가 있다. 그러니 내 아이에게도 이러한 방식을 쓰지 않을 이유가 없다.

내 아이의 미래를 위해서라면 단순히 성적, 자격증, 경시대회 등 스펙 만들기에만 집중할 것이 아니라 아이가 학교생활을 하며 남긴 공책, 활동지, 여러 결과물, 교사의 피드백 등 사소한 기록 하나하나 전부 수집해 두자. 이는 훗날 나의 자녀를 미래 인재로 어필하는 데 큰 도움이 될 것이다.

자격증, 시험 급수보다 공모전에 도전하자

　나의 아이에게 미래를 준비하는 스펙을 만들어 주고 싶다면 컴퓨터 자격증, 어학 성적, 한국사 능력 시험, 한국어 능력 시험, 수학 경시대회 등 정형화된 시험을 준비하는 것보다 창의적인 아이디어를 떠올리고 두뇌의 다양한 영역을 가동해야 하는 문제 해결 중심의 과업에 도전해 보자. 바로 공모전이다.

　공모전 역시 처음부터 상을 타는 것을 목표로 하면 그 과정에서 배울 수 있는 좋은 경험을 놓치고 아이에게는 그저 스트레스로 작용할 수 있다. 새로운 것에 도전했다는 뿌듯함, 공모전을 준비하면서 스스로 고민하고 시행착오를 거쳤던 경험, 협업으로 공모전을 진행하는 경우라면 구성원과의 팀워크, 소통 능력 등 준비하는 과정만으로도 많은 것을 얻을 수 있다.

또한 계속해서 공모전에 도전하고 경험을 쌓으면 학생들은 다양한 분야와 실생활에 관심을 갖고 탐구하는 자세를 기를 수 있을 것이다. 물론 경험과 내공이 쌓여 수상까지 하면 더할 나위 없다.

공모전에 도전할 때는 학생의 흥미, 적성을 고려해 아이가 즐기면서 잘할 수 있는 것을 하는 것이 좋다. 수상이 목적이 되어서 이것저것 하면 오히려 진정성이 떨어질 수 있다. 또한 아이의 흥미와 적성에 부합하지 않은 공모전을 준비할 경우 과정에서 스트레스를 받을 수 있고 결과도 좋지 않을 가능성이 있어 공모전이라는 것 자체에 질려 버릴 가능성이 있다.

초등학생을 위한 공모전도 의외로 꽤 많다. 공모전 정보는 어디서 얻을 수 있을까? 내가 자주 방문하는 사이트는 '우리들의 열정 공간 WEVITI'(https://www.wevity.com/)이다. 홈페이지를 방문하여 왼쪽 메뉴를 살펴보면 응시 대상자별로 공모전을 구분해 놓은 카테고리가 있다. 그곳에서 '어린이'를 클릭하면 초등학생을 대상으로 한 공모전 목록을 확인할 수 있다.

문화체육관광부, 서울특별시교육청, 강남구청, 통일부 등의 공신력 있는 기관에서 주최하는 공모전도 있고 하나은행, 한국일보, 대교, 한국투자증권, 스타벅스 등 기업에서 하는 공모전도 많다. 내 자녀의 흥미와 적성, 그리고 장래를 고려해 이와 부합하는 기관의 공모전을 경험하고 수상까지 한다면 훗날 관련 분야에 진학이나 입사를 희망할 때 도움이 될 것이다.

한편 거주하는 지역에서 운영하는 블로그, SNS, 홈페이지 등을 팔로우, 즐겨찾기 하여 소식을 받아 보는 것도 좋은 방법이다. 이곳에서 아이들이 참여할 수 있는 좋은 공모전을 자주 기획하기 때문이다.

나는 학생들과 함께 참여할 공모전 소식을 받기 위해 근무지인 서울시 강서구의 블로그를 이웃으로 추가했다. 그리고 2023년 강서구의 예산을 효과적으로 사용하기 위해 '아동참여예산'을 공모한다는 소식을 접했다. 아동들을 위해 강서구의 예산을 사용하고자 하는데 아이들이 어떤 것을 원하는지 잘 알지 못해 아이들에게서 아이디어를 받는 사업이었다. 이러한 공모전에 아이디어를 제시하면 최종 후보로 선정된 것에 한해, 학생들은 구청에 가서 직접 아이디어를 발표할 기회를 얻는다.

발표한 아이디어가 선정되면 학생들은 자신들의 아이디어가 지역 주민들의 삶에 실제 영향을 미칠 수 있음을 생생하게 느끼고, 자신들의 힘으로 세상을 바꾸려는 태도가 자연스럽게 길러 질 것이다. 이러한 경험이 추후 아이를 드러내는 멋진 스펙이 되는 것은 물론이다.

14장

읽고 쓰기는
기본 중의 기본

두말하면 입 아픈
문해력

아이를 위해 부모가 욕심내면 좋을 마지막 키워드는 '읽기'와 '쓰기'다. 아이들에게 독서가 중요하다는 점은 누구나 알고 있다. 어릴 때부터 아이들에게 꾸준히 책을 읽어 주는 부모도 많다. 최근에는 아이들을 위한 글쓰기 책이 불티나게 팔리고 있다. 이를 보면 쓰기에 대한 학부모의 관심도 부쩍 커진 듯하다.

우선 읽기에 관해 이야기해 보자. 이미 잘 알고 있는 읽기의 중요성을 새삼 다시 강조하는 이유는 학교에서 아이들을 만나면 읽기 능력을 시작으로 많은 격차가 벌어지기 때문이다.

○○시는 23일 오전 10시 ○○ 지역에 미세먼지 주의보를 발령했다. 우리나라 서쪽에서 유입된 미세먼지가 한반도 내 대기에 정체되어 현재 ○○ 지역의 초미세먼지 농도는 ( )로 측정된다.

이는 우리나라 환경부의 초미세먼지 24시간 기준치(36마이크로그램)보다 2.4배 높은 수준이다. ○○시는 가급적 실외 활동을 자제하고 마스크를 착용할 것을 권유했다. ○○의 미세먼지 농도는 대기 흐름이 원활해지는 늦은 오후부터 낮아질 것으로 전망된다.

위 문제는 5학년 수학 교과서에 나오는 문제를 살짝 변형한 것이다. 빈칸에 들어갈 수를 계산하여 답을 쓰는 문제인데 이를 풀기 위한 식은 '2.4×36'으로 아주 간단한 내용이다. 만약 문제가 단순히 '2.4×36을 계산하시오'라고 되어 있다면 이 문제를 못 푸는 아이는 거의 없을 것이다. 그런데 상당수의 아이가 이 문제를 풀면서 질문을 했다. 5학년 2학기 후반부를 마치고 이제 곧 6학년이 될 아이 여러 명이 이 간단한 문제조차 해석하지 못한 것이다.

이 현상은 국어, 사회 시간이 되면 더욱 극명하게 나타난다. 특히 다소 어려운 정보를 담고 있는 사회 시간에 더욱 그렇다. 아이들은 사회 교과서를 읽고도 내용을 해석하지 못한다. 이에 대해 자세히 설명해 놓은 책 중 부모님들에게 꼭 권하고 싶은 책이 한 권 있다. 《공부머리 독서법》(최승필, 책구루, 2018)이라는 책이다. 책 내용을 간단히 요약하면 이렇다.

- 누군가가 말로 설명해 주어서 이해하는 것과 내가 직접 글을 읽고 이해하는 것에는 큰 차이가 있다.
- 학교, 학원, 동영상 강의 등 수업을 듣는 행위는 결국 누군가가 말로 전달해 주는 것이다.
- 그러나 말로 전달된 내용을 스스로 글로 읽어 이해하기란 쉽지 않다.
- 아이들은 말로 전달된 내용을 스스로 읽고도 소화할 수 있어야 한다.
- 누군가가 떠먹여 주는 공부가 아닌 스스로 교과서나 책을 보고 읽고 이해하는 공부를 해야 한다. 이것이 공부를 잘하는 학생과 그렇지 않은 학생의 차이다.

공부를 잘하는 학생이 되려면 반드시 문해력을 길러야 하지만, 공부를 제쳐두고서라도 반드시 문해력을 길러야 한다. 문제 해결을 위해 자료를 찾는 과정에서 우리는 글을 접할 수밖에 없기 때문이다. 그나마 쉬운 말로 쓰여 있는 인터넷의 게시물은 읽고 이해하기 쉽지만 전문 자료를 찾아야 한다면 책, 논문 등 어려운 글을 읽을 수밖에 없다. 특히 대학에 가면 어려운 전공 서적으로 수업을 하고 이를 기반으로 다양한 프로젝트 과제를 제출해야 한다. 따라서 전공 서적, 논문 수준의 글을 이해할 수 있어야 한다. 글을 원활히 이해해야 고차원의 문제를 해결할 수 있기에 대학 입시를 위한 국어 능력 평가 시에도 학생들의 독해 능력을 진단한다.

또한 독서를 꾸준히 하면 다양한 분야에 대한 시각이 트이고 문제 해결을 위한 아이디어의 원천도 풍부해진다. 예를 들어 문학 작품의 경우 각기 다른 삶의 모습, 여러 인간 군상에 대한 이해, 인물의 심리 등을 파악하여 인간에 대한 이해를 깊게 할 수 있다. '그래. 사람이니까 그럴 수 있지, 그 상황이라면 그럴 수도 있지.' 하며 포용력과 관용도 생긴다. 문제 해결은 결국 세상 사람들의 마음을 읽어 이를 더욱 편리하고 행복하게 해 주는 방향으로 가야 하기에 공감 능력이 반드시 필요하다. 공감 능력에 독서만큼 좋은 것도 없다.

최근 학교에서는 1교시 시작 전 아침 시간을 활용해 독서 교육을 하는 경우가 많다. 이 시간을 아이가 적극 활용할 수 있도록 가정에서도 강조하길 바란다. 매일 아침 15분만 책을 읽어도 그것이 1년, 2년 그렇게 6년이 쌓이면 결코 무시할 수 없는 시간이 된다. 아니면 평소 등교 시간보다 딱 10분만 더 일찍 등교하여 그 시간에 독서를 하는 방법도 있다. 나는 학급 아이들에게 다른 학급보다 좀 더 일찍 등교하도록 한다. 매일 아침 20분만 잘 활용했는데도 아이들이 꽤 많은 책을 읽고 책 읽기에 취미를 붙이는 사례가 많았다. 한 학생은 한 번도 그런 이야기를 한 적이 없었는데 여름 방학에 부모님께 서점에 가자는 이야기를 해 책을 사 읽었다고도 했다.

가정에서는 아이에게 독서를 하라고 잔소리를 하기보다 부모가 자녀와 함께 독서를 하는 방법을 추천한다. 우리 반 아이가 이런 말을 한 적이 있다. 엄마 아빠는 맨날 스마트폰으로 유튜브를 보면서 자신에게만 책을 읽으라고 한다는 것이다. 이런 분위기에선 아이들이 책을 스스로 읽기가 쉽지 않다. 그러니 하루 몇십 분만이라도 아이와 부모가 함께 책을 읽는 시간을 가져 보길 바란다.

아이가 읽는 책을 부모가 함께 읽는 방법도 좋다. 우리 학급은 모든 아이와 교사가 한 달에 한 권씩 같은 책을 읽는다. 책을 다 읽은 후 '독후 수다' 시간을 마련해 읽은 책에 대해 자유로운 수다 시간을 가진다. 이 시간이 좋았는지 한 아이가 집에서도 엄마와 같이 책을 읽자고 했다고 한다. 그래서 엄마와 아이가 도서관에서 똑같은 책을 두 권 빌려 함께 읽고 책에 관해 이야기를 나누는 시간을 가졌는데 학부모도 이 시간이 매우 유익했다고 말씀해 주셨다. 이 일은 5학년 학급에서 있었던 일이다. 고학년에게도 충분히 효과적인 방법이니 아이의 책 읽기가 고민이라면 이런 방법도 활용해 보자.

한편 내 아이의 문해력을 간단하게 진단해 볼 수 있는 곳이 있다. 먼저 《공부머리 독서법》의 저자가 운영하는 인터넷 카페(cafe.naver.com/gongdock)가 있다. 이곳에 가면 '기초언어능력 평가지'를 다운로드할 수 있고 학년별로 아이의 능력을 어떻게 진단해야 하는지 상세한 설명도 제공한다. 두 번째는 EBS에서 제공하는 문해력 테스트다. 〈당신의 문해력〉 홈페이지(literacy.ebs.co.kr)에 접속해 상단 메뉴 중 'EBS 문해력-문해력 테스트'를 차례로 클릭하면 학생 연령에 맞는 테스트를 볼 수 있으며 문해력 수준을 상세히 진단 받을 수 있다.

마지막으로 어떤 책부터 독서를 시작해야 할지 고민이라면 아래와 같은 책을 추천한다. 내가 학급 아이들과 읽었던 책 중 반응이 좋았던 책들이다. 얇고 쉬운 책부터 다소 두껍고 난도가 있는 책 순으로 정리해 보았으니 아이들와 함께 독서를 시작할 때 참고해 보면 좋을 것이다.

· 《아무것도 안 하는 녀석들》(김려령 글, 최민호 그림, 문학과지성사, 2020)

분량: 152쪽 | 내용: 쉬움 | 추천 학년: 4~6학년

남학생들이 특히 좋아했던 책이다. 아이들은 그 자체로 행복해야 한다는 메시지를 던진다. 자녀와 이 책을 함께 읽고 아이가 오롯이 행복을 느낄 수 있을 만한 소소한 이벤트를 해 보는 것도 좋다.

· 《나를 찾아줘》(은이정 글, 김경희 그림, 함께자람, 2007)

분량: 152쪽 | 내용: 쉬움 | 추천 학년: 4~6학년

타인이 생각하는 내가 아닌 나 스스로 만드는 내가 중요하다는 내용을 담고 있다. 다양한 가족의 문제를 담지만 그 이상의 의미를 발견할 수 있는 책이다.

· 《해리엇》(한윤섭 글, 서영아 그림, 문학동네, 2011)

분량: 156쪽 | 내용: 쉬움 | 추천 학년: 4~6학년

평소 눈물이 없던 아이도 울컥하게 만들었던 책이다. 인간의 편협한 시각에서 벗어나 모든 생명체가 공존하는 방법을 생각해 보게 하는 내용이다. 동물들이 보여 주는 우정은 감동 그 자체다.

· 《애니캔》(은경 글, 유시연 그림, 별숲, 2022)

분량: 172쪽 | 내용: 쉬움 | 추천 학년: 4~6학년

동물에 대한 사람의 이기심을 극명하게 느낄 수 있는 책이다. 귀여운 동물을 소재로 하여 대부분의 학생이 재미있게 읽을 수 있다. 책은 술술 읽히지만 내용은 결코 가볍지 않은, 실제로 충분히 일어날 수 있는 일이라 더욱 소름 돋는 이야기다.

· 《모두가 원하는 아이》(위해준 글, 하루치 그림, 웅진주니어, 2021)

분량: 140쪽 | 내용: 쉬움 | 추천 학년: 4~6학년

어른들이 자신들의 아이를 원하는 모습으로 바꾸기 위해 정신 성형을 한다는 설정이다. 자신을 인정하고 스스로를 사랑하는 자존감에 대한 이야기를 나누기에 좋은 책이다.

· 《시간 가게》(이나영 글, 윤정주 그림, 문학동네, 2013)

분량: 204쪽 | 내용: 쉬움 | 추천 학년: 5~6학년

현재를 인내한다고 행복한 미래가 오지 않는다는 메시지를 던진다. 현재는 현재대로 행복해야 하며, 미래를 담보로 현재를 희생하기를 강요하지 말라는 내용을 담았다. 부모와 아이가 함께 읽으면 더욱 좋은 책이다.

· 《블랙아웃》(박효미 글, 마영신 그림, 한겨레아이들, 2023)

분량: 244쪽 | 내용: 중간 | 추천 학년: 5~6학년

코로나19와 같은 재난 상황을 겪어 본 세대에게 더욱 공감이 가는 책이다. 재난에 대한 내용 이상으로 인간의 이기심, 특히 어른의 이기심 등 생각할 거리가 많은 책이다.

· 《우리들의 일그러진 영웅》(이문열, 알에이치코리아, 2020)

분량: 264쪽 | 내용: 중간 | 추천 학년: 5~6학년

말이 필요 없는 스테디셀러로 학교폭력의 내용을 담고 있지만 우리나라의 독재 정권 시대를 암시하기도 한다. 유튜브에 영화가 무료로 공개되어 있어 독서 후 부모와 아이가 함께 영화를 보며 이야기를 나누기에도 좋다.

· 《시간 고양이》 1~3권(박미연 글, 박남 그림, 이지북, 2021~2023)

분량: 1권 244쪽, 2~3권 244쪽 | 내용: 중간 | 추천 학년: 5~6학년

최근 아이들과 읽었던 책 중 반응이 가장 좋았던 책이다. 아이들의 반응에 힘입어 2, 3권을 추가로 학급 도서로 구입했다. 자연환경이 파괴된 미래 도시를 가정하고 그 속에서 일어나는 에피소드를 담은 이야기로 1, 2, 3권이 모두 다른 내용으로 전개된다. 환경보호라는 주제를 남여 학생 모두가 몰입할 수 있는 스릴 넘치는 SF 장르로 풀어냈다.

· 《긴긴밤》(루리, 문학동네, 2021)

분량: 144쪽 | 내용: 다소 어려움 | 추천 학년: 5~6학년

함께한다는 것이 무엇인지 그 의미를 절실하게 느낄 수 있는 책이다. 동물 친구들과 긴긴밤의 시간을 함께하면 결국 눈물이 흐른다. 내용을 확실히 보여 주기보다 상징적인 장치로 은은하게 드러내는 방식으로, 깊이 있는 독서를 통해서 참된 감동을 느낄 수 있다.

· 《페인트》(이희영, 창비, 2019)

분량: 204쪽 | 내용: 다소 어려움 | 추천 학년: 6학년

부모에게 버려진 아이들이 국가가 운영하는 기관에 모여 있다. 이들을 입양하려는 예비 부모들은 아이들의 까다로운 심사를 거쳐야 한다. 아이가 면접을 통해 부모를 선택한다는 내용으로 아이는 아이대로, 부모는 부모대로 각자의 입장에서 자신을 돌아보고 많은 생각을 하게 하는 책이다.

모든 것은 쓰기다

이제 SNS를 통한 상품 판매는 일상이 되었다. 최근에는 유튜브에서도 '머치머치'라는 쇼핑 서비스를 출시해 자격 조건을 충족한 크리에이터들이 자신의 콘텐츠 속에서 상품을 판매하는 것을 허용했다. SNS를 기반으로 물건을 판매하는 1인 판매숍이 무수히 생겨남에 따라 이를 일컫는 '세포마켓'이라는 용어도 등장했다. 세포마켓 중에는 기업 못지않은 막대한 매출을 올리는 곳도 있고 해당 마켓을 운영하는 개인은 유명 인플루언서가 되기도 한다. 이렇게 인기 있는 '초대박' 세포마켓은 어떻게 만들 수 있을까?

팔로워 6,000명, 매출 3억 원을 달성한 여우마켓의 대표이자 《나는 세포마켓에서 답을 찾았다》(윤여진, 박기완, 미래의창, 2020)의 저자인 윤우맘은 의외로 그 비결 중 하나로 글쓰기를 강조한다. 왠지 SNS 마켓에서는 예쁘고 감각적인 이미지가 중요할 것 같지만 이런저런 시행착오를 거쳐본 결과 결국 진정성 있는 글이 소비자의 마음을 이끈다는 것이다.

이외에도 글쓰기가 중요하다는 것은 여러 사례에서 쉽게 발견된다. 김대중 전 대통령, 노무현 전 대통령의 연설문을 10년 이상 쓰며 대통령들의 '말하기'를 담당했던 《나는 말하듯이 쓴다》의 강원국 저자 역시 글쓰기를 백번 강조한다. 언뜻 말을 잘하는 것과 글을 잘 쓰는 능력은 별 상관이 없을 것 같지만 말을 잘하기 위해서는 먼저 글로 말을 준비해야 한다고 말한다. 대통령의 말하기 또한 대중에게 어필하고 대중의 공감을 이끌어 내는 것이 목적인데 이 역시 글쓰기에서 출발한다는 것이다.

얼마 전 학급 아이들과 다녀온 국회 체험학습 일화도 소개해 볼까 한다. 운 좋게 기회가 닿아 학교가 위치한 지역구 국회의원의 의원실과 국회에서 수업을 함께 진행했다. 모든 일정을 마치고 마지막 질의응답 시간 중 한 아이가 다음과 같은 질문을 했다.

"국회의원이 되기 위해선 무엇을 공부해야 하나요?"

보좌관의 답변은 우리 모두 생각지 못한 내용이었다.

"국회의원이 되려면 무엇보다 글을 잘 써야 하는 것 같아요."

국회의원 역시 국민과의 소통이 무척 중요한 직업이다. 따라서 대중을 상대로 하는 말이 매우 큰 영향력을 지닌다. 그런데 진정성 있는 말로 국민의 마음을 얻고 또 그들을 설득하기 위해선 역시 글부터 잘 써야 한다는 것이다.

'말하기의 신', '발표의 신'이라 불리는 전 애플 CEO 스티브 잡스는 신제품 발표 프레젠테이션마다 현란한 말솜씨로 전 세계인을 설득하고 공감을 이끌어 결국 전 세계인을 애플의 열렬한 팬으로 만들었다. 그의 말 역시 글에서 시작했다.

그러나 상대를 잘 설득하고, 공감을 이끌어 내가 원하는 반응을 얻기 위해 글을 잘 써야 한다는 것은 아니다. 순서가 바뀌었다. 글을 잘 쓰는 사람은 필연적으로 상대에게 진정성 있고 설득력 있는 마음을 전할 수 있고 상대를 움직인다. 아이들이 쓴 글만 하더라도 잘 쓴 글을 보면 마음이 움직이고 그 아이의 내공과 생각의 깊이, 내면의 성숙함이 느껴진다. 아무리 어린아이라 할지라도 잘 쓴 글을 보면 '우와, 참 멋있네.' 하는 마음이 절로 생긴다.

글을 쓴다는 것은 굉장히 어려운 일이다. 내가 잘 안다고 믿고 있던 것이라도 막상 글로 풀어내려 하면 결코 쉽지 않다. 머릿속에 다양하고 많은 생각이 떠올라 글로 쉽게 쓸 수 있으리라 생각해도 막상 글쓰기를 시작하면 막히는 일이 부지기수다.

말은 나의 생각과 감정을 전달하기가 비교적 수월하다. 상대와 마주하고 있으며, 표정, 몸짓, 목소리 톤과 크기 등 언어 외적인 것을 통해서도 나의 감정과 생각을 여실히 드러낼 수 있기 때문이다. 그러나 글은 다르다. 상대가 나와 마주 앉아 있지도 않고, 누가 나의 글을 읽게 될지 알 수 없으며, 비언어적인 요소를 사용할 수 없는 상황에서 오로지 언어로만 풀어내야 한다.

상대에게 나의 생각과 감정을 오롯이 전하기 위해선 치밀한 과정이 필요하다. 불필요한 것을 걸러 내고 딱 맞는 글감만 정리한 뒤 글의 전체 흐름을 조직하고 각각의 내용을 적재적소에 배치해야 한다. 글쓰기엔 글쓴이가 가진 지식의 깊이, 생각의 깊이, 전문성, 진정성 등이 여실히 드러날 수밖에 없다.

글을 쓴다는 것은 꽤 인내를 요하는 과정이지만 그래도 글쓰기만큼 내가 아는 바와 생각을 정리하는 데 좋은 방법도 없다. 글을 쓰며 머릿속에 떠다니던 각종 배움, 정보, 지식, 이에 대한 나의 생각을 정리할 수 있다. 글을 쓰면 뒤죽박죽 섞여 있던 머릿속 지식이 논리에 맞게 정리되고 정처 없이 떠다니던 나의 생각과 가치관도 서로의 고리가 맞물리며 연결되고 정리된다. 글쓰기 과정을 거쳐 머릿속 생각이 가지런히 정리되니 말을 잘하게 되는 것도 어찌 보면 당연한 일이다.

미국에서는 6학년부터 12학년까지 전문적으로 글쓰기 교육을 하는 학교들이 많다. 초등 고학년 때부터 역사·사회, 과학, 기술 교과목과 연계한 글쓰기 연습을 하고 고등학교 학생들은 대학 수준의 보고서나 학술논문, 전문 분야에 대한 기술 보고서를 작성하기도 한다.

배움 공책,
복습 공책 활용하기

　초등학생이 글쓰기를 연습하기 위해 많이 사용하는 방법으로 일기, 독서감상문, 주제 글쓰기 등이 있다. 이러한 방법도 좋지만 때때로 한계에 부딪히는 순간이 있다. 우선 일기는 쓸 내용이 부족해지는 경우가 있다. 아이들의 일상은 그리 특별하지 않다. 특히 평일의 경우 학교, 학원, 숙제 등 비슷한 일상이 이어진다. 이럴 경우 결국 일기를 위한 일기, 내용을 채우기 위해 마지못해 글을 쓰는 경우가 생기기도 한다.

　독서감상문은 다소 진입 장벽이 높은 것이 단점이다. 아직 문해력을 잘 갖추지 못한 아이들은 독서 자체만으로도 힘든데 글까지 써야 한다면 지레 겁먹고 부정적으로 생각할 수 있다.

마지막으로 주제 글쓰기는 주제가 쉽고 흥미를 유발하는 경우 아이들이 즐기면서 글을 술술 쓸 수 있다는 장점이 있다. 흥미롭지 않은 주제나 많은 생각을 요하는 주제일 때는 시간에 쫓겨 글을 대충 쓰거나 점차 글쓰기에 대한 부담을 갖게 될 가능성이 있다.

그렇다면 주제에 대한 부담도 낮추고 내용의 단조로움도 피하면서 쉽게 연습할 수 있는 글쓰기 방법은 무엇이 있을까? 배움 공책, 복습 공책을 활용하는 것이다. 글쓰기는 내 머릿속의 지식, 정보, 생각 등을 총망라해 논리적으로 조직한 뒤 글로 타인에게 전달하는 행위다. 이런 측면에서 볼 때 배움 공책, 복습 공책은 매우 효과적인 방법이 될 수 있다.

학교에서 수업을 받으면 선생님이 설명한 내용, 교과서를 읽고 이해한 내용, 수업 시간에 활동하면서 얻은 지식 등이 머릿속에 남는다. 또한 수업에 참여하며 내가 했던 생각과 느낌, 수업에서 다루었던 주제에 대해 내가 사전에 알고 있었던 정보, 주제와 관련된 나의 경험 등 머릿속에 수업과 관련된 각종 지식, 정보, 생각이 뒤섞인다. 이런 머릿속 정보와 생각을 매일매일 배움 공책, 복습 공책에 정리해 보는 것이다. 이때 중요한 것은 교과서나 포털 사이트의 글을 그대로 베끼지 말아야 한다. 내용이 잘 기억나지 않아 다시 확인하고자 교과서를 읽고, 포털 사이트의 정보를 찾아보는 것은 좋으나 이렇게 하여 소화한 내용은 반드시 자신의 말로 풀어 적어야 한다.

배움 공책, 복습 공책을 쓸 때는 부담을 가지지 않아도 된다. 그저 내가 이해한 내용과 생각을 이에 대해 전혀 모르는 사람에게 차근차근 알려 준다는 생각으로 적으면 된다. 대화체로 적어도 좋고 문답식으로 적어도 좋다. 핵심은 머릿속으로 이해하고 생각한 내용을 나의 언어로 풀어서 적는다는 것에 있다. 따라서 개조식으로 간단히 적는 방법보다 긴 문장으로 적는 방식을 추천한다.

또한 배움 공책, 복습 공책을 쓸 때는 그날 수업 시간에 들었던 전 과목에 대해 쓰기보다 그날 배웠던 내용 중 특히 중요하다고 생각하는 몇 과목만 써도 좋다. 전 과목을 모두 쓰려면 시간도 오래 걸리고 지칠 수 있기 때문이다.

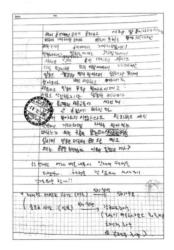

5학년 학생의 사회 교과 복습 공책

6학년 학생의 배움 공책

　이런 방법으로 꾸준히 글쓰기를 연습하면 머릿속의 생각을 논리적으로 조직하여 글로 풀어내는 능력을 키울 수 있다. 또한 덤으로 내 머릿속 지식과 생각을 다시 한번 정리하고 체계화할 수 있다. 이 방식으로 글쓰기 훈련을 하면 글쓰기 실력이 향상됨은 물론이고 나도 모르는 사이 머릿속에 많은 지식과 정보를 기억하게 된다.

　또한 지식과 정보, 생각 등이 차곡차곡 정리되고 체계화되며 사고력과 논리력 역시 발달한다. 이렇게 쌓인 사고력과 논리력은 주제 글쓰기, 독후감상문 등 다른 글을 쓸 때도 보다 깊이 있고 논리적인 글을 쓰는 데 도움을 주며 선순환을 이룰 것이다.

글쓰기 연습,
재미있게 할 수 있다!

앞서 다양한 채널을 활용해 내 아이를 브랜딩 하는 방법을 살펴보았다. 자녀가 스스로를 브랜딩 하는 과정에서도 자연스레 글쓰기 연습을 하게 된다. 재미있는 글쓰기 훈련이 될 것이다. 글을 반드시 공책에 써야 할 필요는 없다. 토플 등 어학 시험에서도 글쓰기 시험을 컴퓨터로 치른다. 훗날 입시 논술, 채용을 위한 논술 평가 역시 온라인으로 이루어질 가능성이 있다. 그렇다면 블로그, 브런치 등 온라인 플랫폼에 글을 쓰며 글쓰기 연습을 하는 것도 충분한 대안이 될 수 있을 것이다.

블로그, 브런치 등에 글을 게시할 때 대부분의 사람들은 당연히 내가 잘하는 것, 나를 잘 보여줄 수 있는 것, 내가 흥미 있는 분야를 주제로 삼아 글을 쓴다. 일단 이것만으로도 글을 쓰고자 하는 아이의 동기를 높일 수 있다. 그날그날 어떤 이야기로 게시글을 작성할지 주제를 정하는 일도 오롯이 아이의 몫이다. 남이 정해 주는 주제, 글쓰기 교재에 제시된 주제가 아닌 자신이 직접 선택한 주제로 글쓰기를 한다는 점이 아이의 흥미를 돋우며 주도적인 글쓰기를 유도할 것이다.

아이들은 보통 글을 쓸 때 책상에 앉아 공책을 펴고 손으로 글을 적는다. 그런데 이러한 행위는 아이에게 학습하는 행위로 느껴질 수 있다. 그에 반해 스마트폰으로 글을 쓰거나, 컴퓨터에 앉아 글을 쓰는 일은 놀이를 하는 행위로 다가올 수 있다. 게다가 블로그, 브런치 등에 글을 쓸 때는 내가 찍은 사진, 예쁘고 감성적인 이미지, 동영상 등도 함께 삽입할 수 있어 더욱 재미있게 느껴질 수 있다.

한편 온라인 플랫폼에 글을 쓰는 일은 다수가 글을 본다는 것을 전제로 한다. 단순히 부모님, 선생님, 학급 친구들만 읽고 끝나는 글이 아니다. 따라서 아이들은 자신의 글을 다시 한번 읽어 보며 수정하고, 게시를 완료한 후에도 거듭 읽어 보며 부족한 부분을 고치는 퇴고도 자연스레 익히게 된다.

이 방식으로 글쓰기 연습을 시작할 때 부모는 아이에게 좋은 예가 되는 블로그를 선정해 가이드를 제공해야 한다. 많은 생각을 거치지 않고 의식의 흐름대로 내용을 적은 블로그가 아닌, 공을 들여 작성한 좋은 글이 많은 블로그를 보여 주는 것이다. 아이는 이를 통해 나를 브랜딩 한다는 것이 무엇인지, 사람들에게 나의 정보와 생각을 공유하고 공감을 얻기 위해서는 어떤 형식으로 글을 써야 하는지 터득하게 된다. 내가 추천하고 싶은 블로그는 다음과 같다.

· 공짜로 즐기는 세상 : 전 MBC 드라마 PD이자 작가가 운영하는 블로그
https://free2world.tistory.com/

· 언제나 영화처럼 : 이동진 영화 평론가가 운영하는 블로그
https://blog.naver.com/lifeisntcool

· 이달의 블로그 : 네이버에서 매달 선정한 우수 블로그 목록
https://section.blog.naver.com/ThisMonthDirectory.nhn

한편, 부모는 아이가 올린 글이 서툴더라도 지나친 피드백을 하지 않길 바란다. 아이가 올린 내용이 다수에게 공개될 때 문제가 될 소지가 있는지, 누군가를 비방하지는 않는지, 욕설·비속어 등의 표현을 쓰지 않았는지 확인하는 정도로만 개입해야 한다. 맞춤법이 틀렸다면 이를 조목조목 지적하기보다 다수가 보는 글이니

이왕이면 맞춤법을 지켜 쓰는 것이 좋겠다고 부드럽게 조언해 주는 것이 좋다.

블로그에 글을 바로 작성하기보다 한글 문서 작성 프로그램에 글을 작성하고 사전에 띄어쓰기, 맞춤법 검사를 하도록 안내해 준다면 아이는 이를 잘 숙지하고 따를 것이다.

아이가 자신이 좋아하는 분야에 대해 글을 꾸준히 쓰고 글쓰기에 흥미를 갖는 것만으로 큰 의미를 부여할 수 있다. 글은 자주 쓰는 것이 중요하기 때문이다. 아이가 글을 충분히 쓰고 좋아한다면 아이가 쓴 글이 많은 사람의 공감을 얻고 설득력을 가질 수 있도록 쓰기 전략을 공부해 보자고 제안해 보자.

글을 쓸 때는 기본적으로 비문을 쓰지 않아야 하고 문장 호응도 지켜야 한다. 글의 종류마다 서론·본론·결론, 발단·전개·위기·절정·결말 등 문단 형식이 다르며, 흥미로운 첫 문장을 쓰는 법, 좀 더 유려한 문장을 쓰는 법 등 갖가지 전략이 있다. 교과서에 수록된 설명문, 논설문, 문학 작품 등의 여러 글은 전문가가 엄선해 선정해 놓은 좋은 글들이다.

이러한 글을 꼼꼼히 살펴보며 각각의 글이 가진 전략을 분석하고 이를 모방하여 글을 써 보거나 필요하면 글쓰기 관련 기관의 도움을 얻어도 좋다. 그간 온라인에 글을 쓰며 글쓰기에 흥미를 갖고 습관화된 아이가 글솜씨를 숙련하기 위해 기관의 도움을 받는다면 아이는 수업에서 많은 것을 얻을 수 있다. 아무런 동기와 흥미 없이 기관에 와 기계적으로 글을 쓰는 아이들과는 확연한 차이를 보일 수밖에 없다.

단, 기관에서 글을 쓸 때도 글을 쓰는 방식에 대해서는 교사와 상의하는 것이 좋다. 기관에서 반드시 글을 공책에 써야 한다고 고집하지 않는 한 그간 아이에게 익숙했던 방식으로 계속하여 글을 연습하도록 부모가 사전에 신경을 써 주어야 한다.

15장

연간 계획 세우기

길게 보고
큰 뼈대를 계획하라

많은 부모가 자녀의 교육에 조바심을 내고 급하게 생각하곤 한다. 그러나 아이들에게는 무한한 가능성이 있으며 충분한 시간이 있다. 아이의 교육은 길게 보고 장기적인 목표를 세워 차근차근 해도 괜찮다. 여유로운 마음을 가지고 장기적인 계획을 세워 한 발 한 발 꾸준히 나아가는 것이다.

우선 지금부터 초등학교를 졸업할 때까지 아이에게 어떤 것을 교육하고 싶은지 큰 뼈대를 세워 보자. 다음과 같은 예를 들 수 있다. 이 내용은 예를 들기 위해 임의로 적어 둔 것이니 각 가정 상황에 맞게 계획을 수정하길 바란다.

초1~초6 전 과정에 걸쳐 꾸준히 교육	시기별 집중 교육
· 독서 습관 · 학교 수업 복습 · 어학 능력 · 수학 공부 · 과학 체험	· 초1~초2: 체험학습을 통한 교육 · 초3~초4: 독서 연계 프로젝트 수업 · 초5~초6: 컴퓨터, 과학 중심 프로젝트 수업

위와 같이 초등 전 과정에 걸쳐 습관을 만들고 실력을 쌓고 싶은 영역을 설정한 다음, 동시에 시기별로 집중해야 할 교육의 로드맵을 그린다. 이렇게 장기적으로 내다보고 시기마다 어떤 영역에 집중하여 교육할지 계획을 세우면 방향성을 갖고 체계적으로 아이를 교육할 수 있다. 물론 실제 자녀 교육을 수행하는 과정에서 계획은 얼마든지 수정·보완할 수 있다.

이 과정을 마친 후에는 로드맵을 바탕으로 매해 달성해야 할 두세 가지 목표를 정한다. 다음과 같은 예를 들 수 있다.

올해 목표- 학년에 상관없이 계속 교육해야 할 것들

· **독서 습관:** 하루에 2권 아이에게 그림책 읽어 주기(저학년) / 하루 30분 이상 가족 독서 시간 갖기(중·고학년)

· **학교 수업 복습:** 학교에서 배운 2과목에 대해 부모에게 설명하기(저학년) / 학교에서 배운 2과목에 대해 배움 공책에 쓰기(중·고학년)

· **어학 능력:** 하루에 1권 영어 그림책 읽어 주기(저학년), 하루에 1권 영어 그림책 읽기(중·고학년), 하루에 영어 영상 2편 시청하기(저·중·고학년)

· **수학 공부:** 학교 진도에 맞게 문제집 풀고, 심화 수준까지 공부하기

· **과학 체험:** 과학 전시관 프로그램 등 공고 수시로 확인 후 신청하여 참여하기

올해 목표- 시기별 집중 교육

· **초1~초2**
매주 주말 교과서 내용과 연결하는 체험 장소 다녀오기, 가정에서 체험 연계 활동하기

· **초3~초4**
집에서 아이가 읽은 책을 바탕으로 월 1회 프로젝트 수업하기(그림, 글쓰기, 만들기 등 다양한 방법으로 결과물 나타내기, 봉사 활동·기부 활동하기)

· **초5**
PC를 이용해 블로그에 브랜딩 하기
(기초적인 PC 사용 방법, 문서 프로그램 사용 방법, 글쓰기 연습), 코딩 시작하기

· **초6**
월 1회 코딩, 과학 체험 등 그간 배운 내용 활용하여 실생활 문제 해결 결과물 만들기, 공모전 도전하기

이는 이해를 돕기 위해 적어 놓은 내용으로 아이의 성향, 각 가정 상황에 맞게 얼마든지 수정해도 된다. 그러나 매년 너무 많은 목표를 세우지 않도록 주의하자. 시기별 교육은 그 시기에만 이루어지고 추후에 하지 않는 것이 아니다. 예를 들어 5학년 때부터 블로그에 자신을 브랜딩 하기 위한 글을 올리기로 했다면 5학년 때는 이것에 집중하고 해당 활동을 습관화하는 것이 그해의 중점 목표가 될 수 있다. 그러나 이는 그 이후에는 습관화가 되어 중점 목표에는 들어 있지 않으나 여전히 꾸준히 지속해야 하는 활동이다. 따라서 6학년이 되어서도 블로그에 자신을 브랜딩 하는 글을 올리되 그 횟수가 전보다 조금 줄어든다든가 블로그에 글을 올리

는 데 할애하는 시간을 평소보다 줄인다든가 하는 방식으로 이어 갈 수 있을 것이다.

체험학습 또한 초등학교 저학년 때에 집중했다고 해서 그다음 학년에서 중단하는 것이 아니다. 중·고학년 때에도 주말이나 휴가를 이용해 체험학습을 갈 수 있다. 그러나 이 역시 교과서에서 배우는 내용 중 반드시 체험학습이 필요한 내용이 있을 때, 체험학습과 연계하면 좋은 단원이 있을 때 등 체험학습 횟수와 시기를 줄이는 방식으로 이어 나가는 것이다. 즉, 매 시기 중요하게 다루었던 목표는 그 시기에는 그것이 목표이지만 그 이후에도 비중이 조금 줄어들 뿐 꾸준히 이어지는 활동이라는 점을 기억하자.

월간 계획 세우기

연간 목표를 세웠다면 목표를 달성할 수 있도록 계획을 좀 더 세분화해 월간 계획을 세운다. 이때 처음부터 열두 달에 해당하는 목표를 전부 세우기보다 한 달 계획만 미리 세운 뒤 상황을 지켜보며 그 후의 일정을 계획하는 것이 좋다. 계획은 새 학기가 시작되는 3월부터 설정한다. 저·중·고 학년별 예시는 다음과 같다.

〈초등 1학년용 월간 계획〉

	초등 시기 내내 강조할 교육	시기별 집중 교육
4월 (1학년은 3월이 적응 기간이므로 본격 학습이 시작되는 4월을 시작으로함)	· 하루에 책 2권씩 읽기 · 매일 학교에서 배운 2과목 설명하기 · 하루 1권 영어 그림책 읽어 주기 · 하루 2편 영어 영상 시청하기 · 학교 진도에 맞게 수학 문제 풀기 · 과학 프로그램 수시로 참여하기	· 통합교과 '봄'과 연계된 체험학습 : 산에 가서 봄꽃 관찰하기 우리 생활 속 봄 관찰하기 봄 축제 가기 화분에 씨앗 심기 식목일 행사 참여하기 봄 소풍 다녀오기

〈초등 4학년용 월간 계획〉

	초등 시기 내내 강조할 교육	시기별 집중 교육
3월	· 하루 30분 가족 독서 · 매일매일 학교에서 배운 2과목 배움 공책 쓰기 · 하루 1챕터 영어 책 읽어 주기 · 하루 1권 영어 그림책 읽기 · 하루 2편 영어 영상 시청하기 · 학교 진도에 맞게 수학 문제 풀기 · 과학 프로그램 수시로 참여하기	· 3월 도서:《애니캔》엄마와 아이 같이 읽기 · 3월 추가 도서:《어린이를 위한 동물 복지 이야기》읽기 · 도서 연계 프로젝트 주제: 동물 복지 · 부모: 동물 복지 관련 책 2권 읽으며 공부하기 (예:《개는 개고 사람은 사람이다》,《동물복지의 시대가 열렸다》) · 동물 복지 영화 함께 보기: (예: 〈작별〉, 〈더 코브: 슬픈 돌고래의 진실〉) · 유기견 보호소 방문하기 · 동물 생태 해설 체험 · 자녀: 동물 복지 관련 문제 발견과 해결 계획 수립·해결하기

〈초등 6학년용 월간 계획〉

	초등 시기 내내 강조할 교육	시기별 집중 교육
3월		·《엔트리》 기본 교재 하루 1예제 연습하기 ·《엔트리》 기본 교재 한 달 동안 1권 끝내기
4월	·하루 30분 가족 독서 ·매일매일 학교에서 배운 2과목 배움 공책 쓰기 ·하루 1챕터 영어 책 읽어 주기 ·하루 1권 영어 그림책 읽기 ·하루 2편 영어 영상 시청하기 ·학교 진도에 맞게 수학 문제 풀기 ·과학 프로그램 수시로 참여하기	·《엔트리》 중급 교재 하루 1예제 연습하기 ·《엔트리》 중급 교재 한 달 동안 1권 끝내기
5월		《마이크로비트》 교재 하루 1예제 연습하기
6월		코딩으로 해결할 수 있는 실생활 문제 발견 후 코딩으로 해결하기

주간 계획 세우기

월간 계획까지 세웠다면 이를 실천할 수 있도록 단계를 좀 더 세분화해 주간 계획을 세운다.

〈초등 1학년용 주간 계획 - 4월〉

초등 시기 내내 강조할 교육	· 하루에 책 2권씩 읽기
	· 매일매일 학교에서 배운 2과목 설명하기
	· 하루 1권 영어 그림책 읽어 주기
	· 하루 2편 영어 영상 시청하기
	· 학교 진도에 맞게 수학 문제 풀기
	· 과학 프로그램 수시로 참여하기

시기별 집중 교육	4월 1주	· 가까운 산에 가서 봄 관찰하기
		  (※ 교과서 내용 확인 후 교과서에 제시된 내용을 중심으로 관찰)
		· 산에서 본 봄꽃 사진 찍고 스마트 렌즈로 꽃 이름 알아보기
		· 산에서 관찰한 봄꽃을 이용해 만들고 싶은 작품 만들기
		  (봄꽃 그리기, 봄꽃으로 디자인한 옷, 봄꽃으로 만든 요리 등 자유롭게 표현)

	4월 2주	· 우리 생활 속 봄 관찰하기(사람들의 옷차림, 각종 봄 축제, 벚꽃을 이용한 제품 출시, 봄맞이 청소 등) · 교과서 내용 미리 확인 후 내용을 실제 생활 속에서 확인할 수 있도록 집중! · 내가 가게의 사장님이라면? 봄을 맞아 어떤 물건 또는 서비스를 만들면 좋을까? 자유롭게 아이디어 내보고 만들거나 그려보기
	4월 3주	· 우리나라의 다양한 봄 축제 알아보기 · 내가 사는 지역과 가까운 곳에서 열리는 축제 중 가고 싶은 곳 선정하기 · 가족과 함께 축제 다녀오기 · 조르주 쇠라의 〈그랑드 자트 섬의 일요일 오후〉 그림을 참고하여 '내가 다녀온 봄 축제'를 주제로 점묘화 그리기
	4월 4주	· 봄 소풍에 필요한 준비물을 생각한 뒤 나에게 필요한 물건 스스로 챙겨 가방 꾸리기 · 가족이 함께 소풍을 즐길 수 있도록 프로그램을 하나 기획한 후 진행 준비하기 · 봄 소풍 즐기기 · 봄 소풍에서 좋았던 점과 아쉬웠던 점 이야기하기 · 아쉬웠던 점을 해결할 수 있는 아이디어를 생각하고 그림, 만들기 등으로 표현하기

〈초등 4학년용 주간 계획 – 3월〉

초등 시기 내내 강조할 교육	· 하루 30분 가족 독서 · 매일매일 학교에서 배운 2과목 배움 공책 쓰기 · 하루 1챕터 영어책 읽어 주기 · 하루 1권 영어 그림책 읽기 · 하루 2편 영어 영상 시청하기 · 학교 진도에 맞게 수학 문제 풀기 · 과학 프로그램 수시로 참여하기	
시기별 집중 교육	3월 1주	· 프로젝트를 위한 도서 열심히 읽기 　(부모, 자녀 같이: 《애니캔》/ 부모 추가 도서: 《개는 개고 사람은 사람이다》, 《동물 복지의 시대가 열렸다》) · 《애니캔》에 대해 부모와 자녀가 자유롭게 이야기 나누기(독후 수다) · 독후 수다로 자녀가 자연스레 '동물복지'에 관심 갖도록 유도하기 · 동물 복지 영화 〈작별〉, 〈더 코브: 슬픈 돌고래의 진실〉 자녀와 부모가 함께 시청하기 · 시청한 영화에 대해 자유롭게 이야기 나누기
	3월 2주	· 자녀: 추가 도서 읽기 《어린이를 위한 동물 복지 이야기》 · 부모가 읽은 《동물 복지의 시대가 열렸다》, 자녀가 읽은 《어린이를 위한 동물 복지 이야기》를 토대로 동물 복지에 대해 이야기 나누기 · 유기견 보호소 방문하기 · 글쓰기: 유기견 보호소 방문에 관한 글
	3월 3주	· 동물생태해설 체험하며(동물생태해설사와 함께하는 동물원 투어) 동물원 동물의 복지 상황 확인하기, 궁금한 점 질문하기 · 동물생태해설을 통해 알게 된 점, 느낀 점 자유롭게 표현하기(글, 그림, 만화 등 자녀가 원하는 방식으로 표현) · 동물 복지에 대해 읽은 책, 실제 체험한 내용을 바탕으로 꼭 해결해 보고 싶은 문제점 생각해 보기

시기별 집중 교육	3월 4주	· 위에서 생각한 여러 가지 문제 중 반드시 해결해 보고 싶은 문제 한 가지 선정하기 · 위의 문제를 해결하기 위한 창의적인 방안 생각하기 · 위의 방안을 실행할 수 있는 계획 세우기 · 실행하여 문제 해결하기 ※ 문제 해결이 3월 4주에 끝나지 않을 수 있음. 이 경우 4월 1주까지 진행 가능 · 문제 해결 전 과정 반성하기: 잘한 점, 아쉬웠던 점, 앞으로 보완해야 할 점, 느낀 점, 소감

〈초등 6학년용 주간 계획 – 6월〉

초등 시기 내내 강조할 교육		· 하루 30분 가족 독서 · 매일매일 학교에서 배운 2과목 배움 공책 쓰기 · 하루 1챕터 영어책 읽어 주기 · 하루 1권 영어 그림책 읽기 · 하루 2편 영어 영상 시청하기 · 학교 진도에 맞게 수학 문제 풀기 · 과학 프로그램 수시로 참여하기
시기별 집중 교육	6월 1주	· 사회 시간에 배운 '경제 성장 과정에서 나타난 문제점' 복습하기: 빈부격차, 노사 갈등, 자원 부족, 환경오염 등 · 위의 내용 중 코딩을 통해 해결하고 싶은 문제 선정하기(예: 환경오염) · 위에서 선정한 문제를 현재에는 어떤 다양한 방식으로 해결하고 있는지 도서 및 온라인 자료 찾기
	6월 2주	· 위에서 선정한 문제를 코딩으로 어떻게 해결할 것인지 창의적인 아이디어 탐색하기 (예: 저학년 환경교육용 게임 만들기-플라스틱 괴물, 쓰레기통에 권장량 이상의 플라스틱을 버리면 쓰레기통이 괴물로 변해 플라스틱을 전부 토해내고 지구를 덮치는 내용) · 해당 아이디어가 문제 해결에 도움이 되는 이유, 활용 방안, 기대 효과 정리하기 · 아이디어 실행하기 1: 엔트리로 '플라스틱 괴물' 게임 만들기
	6월 3주	· 아이디어 실행하기 2: 시행착오를 거치며 '플라스틱 괴물' 게임 정교화하기 · 프로그램 완성하기
	6월 4주	· 엔트리 공개 게시판, 블로그, 유튜브 등 다수가 볼 수 있는 곳에 게임 게시하기 · 게임 개발 의도, 활용 방법, 기대 효과 자세히 설명하기 · 대중의 피드백 얻기, 수정 및 보완점 확인하기 · 프로젝트 중 잘한 점, 아쉬웠던 점, 다음에 보완하고 싶은 점 정리해 보기

일일 계획 세우기

주간 계획까지 세웠다면 이제는 이를 실제로 실천하도록 하루 계획을 세운다. '스케줄러', '체크리스트' 등의 앱 또는 공책을 활용해 그날그날 실천해야 할 것을 메모한 뒤 한 것은 지우며 하루 목표를 달성한다.

〈초등 1학년용 일일 계획 - 4월〉

4월 1일

아이	부모
· 그림책 2권 읽기 · 학교에서 배운 2과목 설명하기 · 영어 영상 2편 시청하기 · 학교 진도에 맞게 수학 문제 풀기	· 영어 그림책 1권 읽어 주기 · 과학관 홈페이지 확인 · 〈봄〉 교과서 내용 확인하기 · 봄 관찰을 위한 산 정보 확인 후 산 정하기

4월 2일

아이	부모
· 그림책 2권 읽기 · 학교에서 배운 2과목 설명하기 · 영어 영상 2편 시청하기 · 학교 진도에 맞게 수학 문제 풀기	· 영어 그림책 1권 읽어 주기 · 과학관 홈페이지 확인 · 산에서 볼 수 있는 봄꽃에 대한 정보 찾아보기

4월 3일

아이	부모
· 그림책 2권 읽기 · 학교에서 배운 2과목 설명하기 · 영어 영상 2편 시청하기 · 학교 진도에 맞게 수학 문제 풀기	· 영어 그림책 1권 읽어 주기 · 과학관 홈페이지 확인 · 봄꽃을 이용한 다양한 작품 미리 찾아보기

4월 4일

아이	부모
· 그림책 2권 읽기 · 영어 영상 2편 시청하기 · 학교 진도에 맞게 수학 문제 풀기 · 엄마와 산에 가서 봄꽃 관찰하기	· 영어 그림책 1권 읽어 주기 · 아이와 산에 가서 봄꽃 관찰하기 　(교과서 내용을 실제로 접할 수 있도록 가이드해 주기 / 미리 공부했던 봄꽃에 대한 설명도 해 주기)

4월 5일	
아이	부모
· 그림책 2권 읽기 · 영어 영상 2편 시청하기 · 학교 진도에 맞게 수학 문제 풀기 · 산에서 관찰한 봄꽃을 이용한 작품 만들기1	· 영어 그림책 1권 읽어 주기 · 미리 찾았던 봄꽃을 이용한 다양한 작품 보여 주며 영감 자극하기

4월 6일	
아이	부모
· 그림책 2권 읽기 · 영어 영상 2편 시청하기 · 학교 진도에 맞게 수학 문제 풀기 · 산에서 관찰한 봄꽃을 이용한 작품 만들기2(어제 만들던 작품 계속 이어 만들기)	· 영어 그림책 1권 읽어 주기 · 4월 첫 주 과정 블로그에 정리하고 아이가 만든 작품 사진 찍어 폴더에 잘 정리해 두기

〈초등 4학년용 일일 계획 – 3월〉

3월 3일~ 3월 7일	
아이	부모
· 30분 이상 가족 독서《애니캔》 · 하루 1권 영어 그림책 읽기 · 배움 공책 2과목 쓰기 · 영어 영상 2편 시청하기 · 학교 진도에 맞게 수학 문제 풀기	· 30분 이상 가족 독서《애니캔》 · 영어책 1챕터 읽어 주기 · 과학 전시관 프로그램 확인하기 · 아이 학교 갔을 때 프로젝트 책 읽기: 《동물 복지의 시대가 열렸다》

3월 8일	
아이	**부모**
· 배움 공책 2과목 쓰기 · 하루 1권 영어 그림책 읽기 · 영어 영상 2편 시청하기 · 학교 진도에 맞게 수학 문제 풀기 · 부모와 독후 수다《애니캔》	· 1챕터 영어책 읽어 주기 · 자녀와 독후 수다《애니캔》 · '동물복지'에 대한 관심 유도

3월 9일	
아이	**부모**
· 배움 공책 2과목 쓰기 · 하루 1권 영어 그림책 읽기 · 영어 영상 2편 시청하기 · 학교 진도에 맞게 수학 문제 풀기 · 부모와 영화 감상 〈작별〉, 〈더 코브: 슬픈 돌고래의 진실〉 · 영화 감상 자유롭게 나누기	· 1챕터 영어책 읽어 주기 · 자녀와 영화 감상 〈작별〉, 〈더 코브: 슬픈 돌고래의 진실〉 · 영화 감상 자유롭게 나누기

3월 10일~3월 13일	
아이	**부모**
· 30분 이상 가족 독서《어린이를 위한 동물 복지 이야기》 · 하루 1권 영어 그림책 읽기 · 배움 공책 2과목 쓰기 · 영어 영상 2편 시청하기 · 학교 진도에 맞게 수학 문제 풀기	· 30분 이상 가족 독서《개는 개고 사람은 사람이다》 · 1챕터 영어책 읽어 주기 · 유기견 보호소 찾고 방문 예약 및 체험 학습 준비 완료하기

3월 14일	
아이	부모
· 동물복지에 대해 읽은 책을 토대로 부모와 동물복지에 관해 이야기 나누기 · 하루 1권 영어 그림책 읽기 · 배움 공책 2과목 쓰기 · 영어 영상 2편 시청하기 · 학교 진도에 맞게 수학 문제 풀기	· 영어책 1챕터 읽어 주기 · 동물복지에 대해 읽은 책을 토대로 아이와 동물복지에 관해 이야기 나누기

3월 15일	
아이	부모
· 유기견 보호소 방문하기 · 하루 1권 영어 그림책 읽기 · 배움 공책 2과목 쓰기 · 영어 영상 2편 시청하기 · 학교 진도에 맞게 수학 문제 풀기	· 영어책 1챕터 읽어 주기 · 유기견 보호소 방문하기

3월 16일	
아이	부모
· 글쓰기: 유기견 보호소 방문에 관한 글 · 하루 1권 영어 그림책 읽기 · 배움 공책 2과목 쓰기 · 영어 영상 2편 시청하기 · 학교 진도에 맞게 수학 문제 풀기	· 영어책 1챕터 읽어 주기 · 글쓰기·피드백 주기: 맞춤법, 내용 등 부정적 피드백 하지 않기, 아이가 느낀 점에 대한 긍정적 피드백 주기, 방문 후 엄마가 느낀 점에 대해서도 간단히 적어 주기

〈초등 6학년용 일일 계획 – 6월〉

6월 1일	
아이	**부모**
· 30분 이상 가족 독서 · 하루 1권 영어 그림책 읽기 · 배움 공책 2과목 쓰기 · 영어 영상 2편 시청하기 · 학교 진도에 맞게 수학 문제 풀기 · 하루 1권 영어 그림책 읽기 · 사회 시간에 배운 '경제 성장 과정에서 나타난 문제점' 복습 후 정리하기	· 30분 이상 가족 독서 · 영어책 1챕터 읽어 주기 · 과학 전시관 프로그램 확인하기 · 아이의 사회 교과서 내용 확인하기

6월 2일	
아이	**부모**
· 30분 이상 가족 독서 · 하루 1권 영어 그림책 읽기 · 배움 공책 2과목 쓰기 · 영어 영상 2편 시청하기 · 학교 진도에 맞게 수학 문제 풀기 · 사회 시간에 배운 '경제 성장 과정에서 나타난 문제점'이 부모와 하는 프로젝트의 주제임을 인식하기	· 30분 이상 가족 독서 · 영어책 1챕터 읽어 주기 · 아이의 사회 교과 '경제 성장 과정에서 나타난 문제점' 부분과 관련된 뉴스, 영상 등 자료 찾기

6월 3일	
아이	**부모**
· 30분 이상 가족 독서 · 하루 1권 영어 그림책 읽기 · 배움 공책 2과목 쓰기 · 영어 영상 2편 시청하기	· 30분 이상 가족 독서 · 영어책 1챕터 읽어 주기 · 어제 찾은 자료 자녀와 공유하기

- 학교 진도에 맞게 수학 문제 풀기
- 부모가 찾은 자료를 살펴보며 코딩으로 해결하고 싶은 문제 선정하기 (예: 환경오염)

6월 4일	
아이	**부모**
· 30분 이상 가족 독서 · 하루 1권 영어 그림책 읽기 · 배움 공책 2과목 쓰기 · 영어 영상 2편 시청하기 · 학교 진도에 맞게 수학 문제 풀기 · 최근 이슈가 되는 환경오염의 종류, 해결 방안 등 최신 자료 찾으며 동향 파악하기(온라인 자료 활용)	· 30분 이상 가족 독서 – 환경오염 관련 책 · 영어책 1챕터 읽어 주기 · 자녀의 자료 탐색 과정 살펴보며 방향성 확인, 적절한 개입 및 피드백 주기 · 환경오염에 대한 최신 자료 계속해서 찾아보기 · 부모도 환경오염 관련 도서 읽기 · 최신 동향을 반영한 어린이용 환경 도서 선정하기

6월 5일	
아이	**부모**
· 30분 이상 가족 독서(환경오염에 관한 책) · 배움 공책 2과목 쓰기 · 하루 1권 영어 그림책 읽기 · 영어 영상 2편 시청하기 · 학교 진도에 맞게 수학 문제 풀기 · 최근 이슈가 되는 환경오염과 해결 방안에 대한 책을 찾아 정보 탐색하기1	· 30분 이상 가족 독서 · 영어책 1챕터 읽어 주기 · 최신 동향을 반영한 어린이용 환경 도서 선정하여 아이에게 제공(분량이 너무 두껍지 않은 것으로)

6월 6일	
아이	부모
·30분 이상 가족 독서(환경오염에 관한 책) ·하루 1권 영어 그림책 읽기 ·배움 공책 2과목 쓰기 ·영어 영상 2편 시청하기 ·학교 진도에 맞게 수학 문제 풀기 ·최근 이슈가 되는 환경오염과 해결 방안에 대한 책을 찾아 정보 탐색하기2	·30분 이상 가족 독서 ·영어책 1챕터 읽어 주기 ·아이의 진행 과정 확인, 내일까지 정보 수집 끝낼 수 있도록 알려 주기

6월 7일	
아이	부모
·배움 공책 2과목 쓰기 ·하루 1권 영어 그림책 읽기 ·영어 영상 2편 시청하기 ·학교 진도에 맞게 수학 문제 풀기 ·환경오염에 관해 탐색한 정보 정리하기	·30분 이상 가족 독서 ·영어책 1챕터 읽어 주기 ·아이가 탐색한 정보에 대해 이야기 나누기 ·엄마가 책에서 읽은 내용 함께 공유하기

참고문헌

• 단행본

《공부머리 독서법》(최승필, 책구루, 2018)

《나는 세포마켓에서 답을 찾았다》(윤여진·박기완, 미래의 창, 2020)

《나는 말하듯이 쓴다》(강원국, 위즈덤하우스, 2020)

《메리토크라시》(이영달, 휴넷, 2021)

《생각이 너무 많은 서른 살에게》(김은주, 메이븐, 2021)

《에이트: 인공지능에게 대체되지 않는 나를 만드는 법》(이지성, 차이정원, 2019)

《우리 아이, 어떻게 사랑해야 할까: 세상에서 가장 행복한 아이로 키우는 덴마크식 자녀 교육》(제시카 조엘 알렉산더, 이벤 디싱 산달, 이은경 역, 상상아카데미, 2021)

《인생을 바꾸는 세 가지 프로페셔널 시점》(윤정열, 바이북스, 2021)

《인지니어스: 실리콘밸리 인재의 산실 '스탠퍼드 디스쿨'의 기상천외한 창의력 프로젝트》(티나 실리그, 김소희 역, 리더스북, 2017)

《트렌드 코리아 2019》(김난도 외, 미래의 창, 2019)

《학교를 위한 디자인 싱킹: 스탠퍼드에서 미래교육을 디자인하다》(샐리골드만·자자 카다야돈도, 유엑스리뷰리서치랩 역, 한국교육정보연구원, 2021)

《한 발 앞선 부모는 인공지능을 공부한다》(이명희, 성안당, 2021)

《AI 시대, 문과생은 이렇게 일합니다》(노구지 류지, 전종훈 역, 시그마북스, 2020)

《ESG 혁명이온다》(김재필, 한스미디어, 2021)

《ESG 혁명이온다2》(김재필, 한스미디어, 2021)

《Frieds 프렌즈: 과학이 우정에 대해 알려줄 수 있는 가장 중요한 것》(로빈 던바, 안진이 역, 어크로스, 2022)

《NFT 사용설명서》(맷 포트나우· 큐해리슨 테리, 남경보 역, 여의도책방, 2021)

• 학회지·보고서

〈국제학교 IB 교육과정 PYP 운영에 관한 학부모 인식 사례 연구〉(김미강, 문화교류와 다문화교육, 2020)

〈네덜란드의 인공지능 교육과 개발〉(조형실, 한국멀티미디어학회지, 2020)

〈미래 사회 핵심역량 개념의 네트워크 구조 탐색〉(한기순·안동근, 영재교육연구, 2018)

〈미래지향적 학교 교육과정 개발을 위한 IB PYP의 적용 가능성 탐색〉(한진호·임유나·안서헌 외, 한국교육학연구, 2021)

〈인공지능(AI)과 빅데이터를 활용한 스팀(STEAM) 프로그램 개발 및 적용 성과〉(김현우, 이제성, 한국체육교육학회지, 2021)

〈2022 서울인성교육 시행 계획〉(서울특별시교육청 초등교육과, 2022)

〈2022 개정 교육과정 총론 방향(안)에 따른 새로운 음악과 교육과정 구성 방안 탐색〉(박지현·김지현, 음악교육연구 제 50권 제 3호, 2021)

〈4차 산업혁명시대 대학의 미래교육 방향 연구: 미네르바스쿨의 설립 취지 및 성과 등을 중심으로〉(전종희, 문화교류와 다문화교육, 2021)

• 인터넷 신문·포털·블로그

〈의사·변호사도 제쳤다…자녀 희망직업 부동의 1위는〉(The JoongAng 경제, 2019. 02. 11., https://www. joongang. co. kr/article/23361688#home)

〈소득 따라가는 자녀희망직업…고소득층은 '전문직'원해〉(The JoongAng 경제, 2019. 04. 03., https://www. joongang. co. kr/article/23430430#home)

〈희망직업의 계기〉(KOSIS 국가통계포털, 2019. 08. 28., https://kosis. kr/statHtml/statHtml. do?orgId=331&tblId=DT_33109_N247)

〈극초음속 항공기로 전 세계가 1일 생활권 된다〉(The ScienceTimes, 2021. 05. 26., https://han. gl/ubdWh)

〈지상파 PD 대다수가 서울대·연대·고대 출신인 이유… 유명 감독이 솔직하게 밝혔다〉(WIKITREE, 2021. 12. 24., https://www. wikitree. co. kr/articles/718905)

〈2022 개정 초·중등학교 및 특수학교 교육과정 확정·발표〉(교육부 블로그,

2022. 12. 22., https://m. blog. naver. com/PostView. naver?blogId=moeblog&log
No=222962605779&proxyReferer=https:%2F%2Fnamu. wiki%2F)

〈CLOVA AI RUSH 2022〉(https://campaign. naver. com/clova_airush/)

〈"대학이 학생 망치고 있다"… 美 '스타트업 대학' 미네르바 스쿨의 실험〉(한국일
보, 2017. 07. 21., https://han. gl/IyoRu)

〈"대학, 도태 안되려면 학생의 눈높이 맞추는 기업가 관점 가져라"〉(서울경제,
2018. 05. 10., https://news. v. daum. net/v/20180510170437091?s=print_news)

〈4차 산업혁명시대 대학의 미래교육 방향 연구〉(전종희, 문화교류와 다문화교
육, 2021)

〈거지 같은 아이디어도 대환영…그게 애플·구글이 일하는 법〉(The JoongAng
경제, 2020. 01. 28., https://www. joongang. co. kr/article/23691199#home)

〈어린이를 위한 MRI 디자인〉(DESING THINKING MIND,
https://thod. tistory. com/entry/GE-MRI-Adventure-Series)

〈한양대, 지역사회 문제 해결형 디자인 싱킹 창업강좌 운영〉(한국대학신문,
2021. 10. 12. http://news. unn. net/news/articleView. html?idxno=517104)

〈삼성전자, '2021 삼성 주니어 SW 창작대회' 시상식 개최〉(Samsung Newsroom,
2021. 11. 07., https://han. gl/OKaqa)

〈혁신 또 혁신…융합교육 활성화로 미래 인재 육성해야〉(동아일보, 2020. 02. 07.,
https://www. donga. com/news/Society/article/all/20200206/99577601/1)

〈대입개편 급부상 IB 고교과정의 실제…'2015교육과정 유사 체계'〉(교육전문신문

'베리타스 알파', 2021.05.26., https://www.veritas-a.com/news/articleView. html?idxno=369235)

〈4차 산업혁명 핵심기술 TOP6〉(교육부, 2021.01.14., https://www.moe.go.kr/ boardCnts/view.do?boardID=340&boardSeq=83265&lev=0&searchType=null &statusYN=W&page=1&s=moe&m=020201&opType=N)

〈'커피부터 와인까지' 음료도 프린트한다〉(테크플러스, 2022.03.10., https:// m.blog.naver.com/tech-plus/222668902686)

〈문과생도 코딩 OK… 노코드 시대 열렸다〉(뉴시스, 2022.07.18., https:// n.news.naver.com/article/003/0011309838?cds=news_my)

학교 성적을 너머 성공으로 이끄는 자녀 교육 지침서

진짜 잘되는 아이는 따로 있다

초판 1쇄 인쇄 2023년 8월 14일
초판 1쇄 발행 2023년 8월 21일

지은이 이명희

대표 장선희　**총괄** 이영철
책임편집 한이슬　**교정교열** 오현미
기획편집 현미나, 정시아, 오향림
책임디자인 김효숙　**디자인** 최아영
마케팅 최의범, 임지윤, 김현진, 이동희
경영관리 전선애

펴낸곳 서사원　**출판등록** 제2021-000194호
주소 서울시 마포구 성암로 330 DMC첨단산업센터 713호
전화 02-898-8778　**팩스** 02-6008-1673
이메일 cr@seosawon.com
네이버 포스트 post.naver.com/seosawon
페이스북 www.facebook.com/seosawon
인스타그램 www.instagram.com/seosawon

ⓒ 이명희, 2023

ISBN 979-11-6822-207-6　03590

서사원은 독자 여러분의 책에 관한 아이디어와 원고 투고를 설레는 마음으로 기다리고 있습니다.
책으로 엮기를 원하는 아이디어가 있는 분은 이메일 cr@seosawon.com으로 간단한 개요와 취지,
연락처 등을 보내주세요. 고민을 멈추고 실행해보세요. 꿈이 이루어집니다.